我的科学漫画书

你好！机器人

智能算法中的数学奥秘

绘知堂科普馆　编绘

中国石化出版社
HTTP://WWW.SINOPEC-PRESS.COM

图书在版编目（CIP）数据

你好！机器人：智能算法中的数学奥秘 / 绘知堂科普馆编绘 .—北京：中国石化出版社，2020.10
ISBN 978-7-5114-5715-8

Ⅰ.①你… Ⅱ.①绘… Ⅲ.①数学－青少年读物 Ⅳ.① O1-49

中国版本图书馆 CIP 数据核字（2020）第 192868 号

中国石化出版社出版发行
地址：北京市东城区安定门外大街 58 号
邮编：100011 电话：(010) 57512500
发行部电话：(010) 57512575
http：//www.sinopec-press.com
E-mail：press@sinopec.com
北京富泰印刷有限责任公司印刷
全国各地新华书店经销
*
889×1194 毫米毫米 16 开本 6.25 印张 88 千字
2020 年 11 月第 1 版 2020 年 11 月第 1 次印刷
定价：36.00 元

推荐序

统计学是研究数据的学科，它基于数据，对所考察的问题作出推断和预测，是自然科学和社会科学常用的研究方式，也是当前热点方向——人工智能的核心之一。

中小学生正处于好奇心和求知欲最旺盛的年纪。对于可能选择这个专业的孩子们来说，他们或许没有机会提前对这个专业产生具体的认知；对于不打算选择这个专业的孩子来说，可能一直到毕业、进入工作岗位为止，都没有机会对这个领域有较成体系的了解。而如果能培养中小学生对此领域的兴趣，让他们具备一定的专业素养，就是提前抓住了行业的未来，保障了未来行业新鲜血液的输入。

作为一名教育工作者，当看到我的学生们可以慷慨分享自己的专业知识，我感到非常欣慰。但是本书作为浅尝，各位读者还是要怀着思辨的态度、带着问题去阅读。现在我们处在“大数据与人工智能”的时代，那么什么才是“人工智能”？人工智能行业需要什么样的人才？人工智能适合自己吗？如果适合自己，应该做好哪些准备？如果不适合自己，又应该怎样作为用户和旁观者看待它的发展？

希望小读者们可以从本书中有所收获。

南开大学统计与数据科学学院　教授、执行院长、党总支书记

长江特聘教授　王兆军

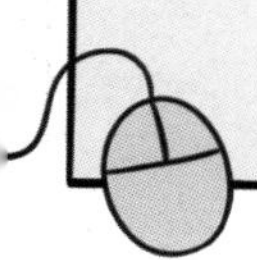

前　言

“人工智能”是近年来最炙手可热的话题之一，这门学科的涉猎之广、探讨之深、影响之大、开拓之新，让其称得上是人类发展史上前所未有的挑战。深入课题前沿需要研究者投入毕生的精力与血汗；但是对于从未领略过计算机与数据科学的青少年来说，开始迈出求知的第一步也是一种全新的体验。

“人工智能会取代人类吗？”是很多人非常关心的问题。刚刚进入学龄期的小朋友对万事万物都充满好奇，会提出一些天马行空的问题；而已经迈入初中阶段的同学们，由于已经具备了一些数学基础和生活经验，开始对数据与计算机科学有了进一步探知。无论是处于哪个年龄段的青少年儿童，或许他们都需要一个清晰又不晦涩的引导来为他们答疑解惑，带领他们对“数据科学与人工智能”这个新兴领域进行初步的探索。

本书试图用一条简明的逻辑路线，将“数据科学与人工智能”学科中最具有启蒙性的经典问题，用最易懂的例子加以阐释。在编写时，我们尽量避免长篇论述的理论证明和纷繁错杂的定理系统，而多用恰当的比喻举例和生动的漫画进行图解。我们希望能带领各位小读者在“数据科学与人工智能”的多元学科知识中畅游，并从中发掘出自己的兴趣点，拥抱未来无尽的可能性。

本书文字作者：陈方洋

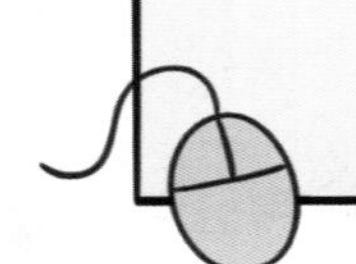

本书配有智能阅读助手，为您1V1定制

《你好！机器人》阅读计划

帮助您实现“时间花得少，阅读体验好”的阅读目的

建议配合二维码一起使用本书

您可根据自己的学习需求，量身定制专属于您的阅读计划：

阅读服务方案	阅读时长指数	为您提供的资源类型	帮助您达到以下学习目的
1. 高效阅读	阅读频次 较低　每次时长 较短 总共耗费时长	技巧类、总结类	直观理解计算机程序的内在逻辑。
2. 轻松阅读	阅读频次 较高　每次时长 适中 总共耗费时长	基础类	全面了解计算机在生活中的重要作用。
3. 深度阅读	阅读频次 较高　每次时长 较长 总共耗费时长	拓展类、拔高类	科学认识人工智能与人类自身的关系。

针对您选择的阅读计划，您可以享受以下权益：

立刻获得的主要权益

1套科普认知类亲子网课	1套本书配套资料包	1套专享礼券包
专家授课免费学 指导家长呵护孩子身心健康	由出版社独家提供 辅助家长高效伴读	内含实体书和课程专享礼券包 可在积分商城兑换实体书或精品课程

每周获得的主要权益

专属伴读资讯	亲子活动	精选好书推荐
16周最新亲子伴读资讯 每周2次推送	16周家庭亲子活动方案 每周1次	16周精选伴读好书推荐 每周1次

长期获得的主要权益

- 线上精品课　亲子伴读名师线上精品课分享　不少于1次
- 线下活动报名　线下辅导课或夏令营活动推荐　不少于1次

微信扫码

只需三步，获取以上所有权益：

1. 微信扫描二维码；
2. 添加智能阅读助手；
3. 获取本书权益，提高读书效率。

鉴于版本更新，部分文字和界面可能会有细微调整，敬请包涵。

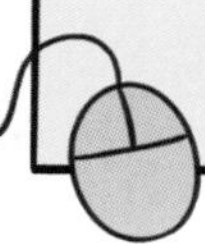

人物介绍

糖糖，分子小学六年级学生，慧慧的好朋友。性格开朗，好奇心强。

慧慧，分子小学六年级学生，细心、好学，喜欢画画、读书。

笔记本电脑小蓝，在本书中将陪伴你一起学习计算机和人工智能知识。

小知，分子小学三年级学生，慧慧的弟弟。活泼好动，喜欢学习自然科学。

程叔叔，分子网络科技公司的专家，精通计算机编程方面的知识。

如果你在正文中看到这样的标记，可以到每章的最后找到对应的补充阅读内容哦！

寺院里的僧侣依照一个古老的预言，以某种规则移动这些盘子；预言说当这些盘子移动完毕，世界就会灭亡。

游戏规则是这样的：有三根杆子A，B，C。A杆上有 N 个 (N>1) 圆盘，需要将所有圆盘移至 C 杆，要求：

1. 每次只能移动一个圆盘；

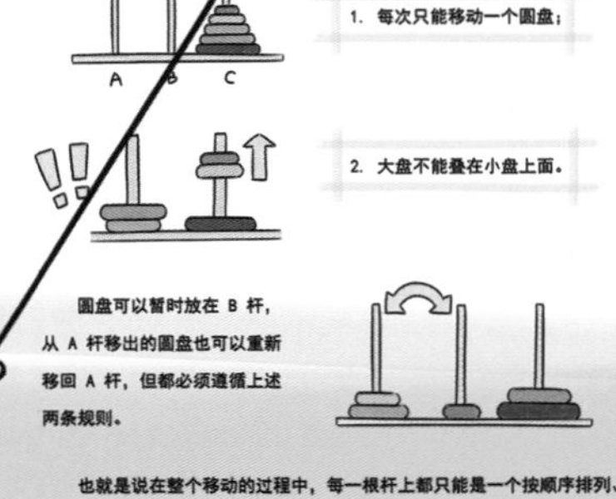

2. 大盘不能叠在小盘上面。

圆盘可以暂时放在 B 杆，从 A 杆移出的圆盘也可以重新移回 A 杆，但都必须遵循上述两条规则。

也就是说在整个移动的过程中，每一根杆上都只能是一个按顺序排列、从大到小的小山。请问：怎么移动才能满足要求达到目的？

你可以先思考三个圆盘的情况，再逐渐增加圆盘的数量，逐渐探索它的规律；但是计算机似乎有更好的办法来解决这个问题。

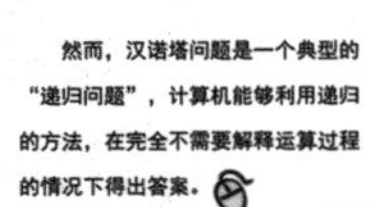

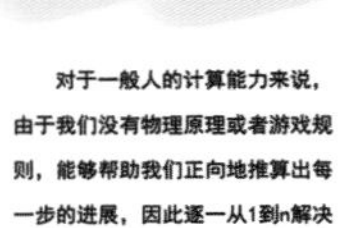

对于一般人的计算能力来说，由于我们没有物理原理或者游戏规则，能够帮助我们正向地推算出每一步的进展，因此逐一从1到n解决这个问题完全没有头绪。

然而，汉诺塔问题是一个典型的“递归问题”，计算机能够利用递归的方法，在完全不需要解释运算过程的情况下得出答案。

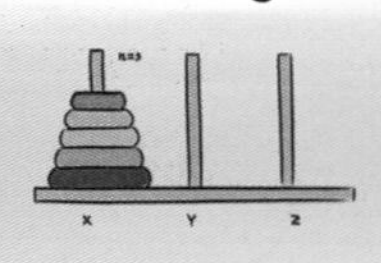

函数Hanoi (X, Y, Z, n) 表示X、Y、Z三根杆以及最左边杆上的盘子数是n的情况下，需要将在X杆上的n个盘子，利用中间的Y杆，全部按规则移到Z杆所需要的次数。

目录

计算机如何思考

编程的重要工具

用计算机解决实际问题

人工智能探秘

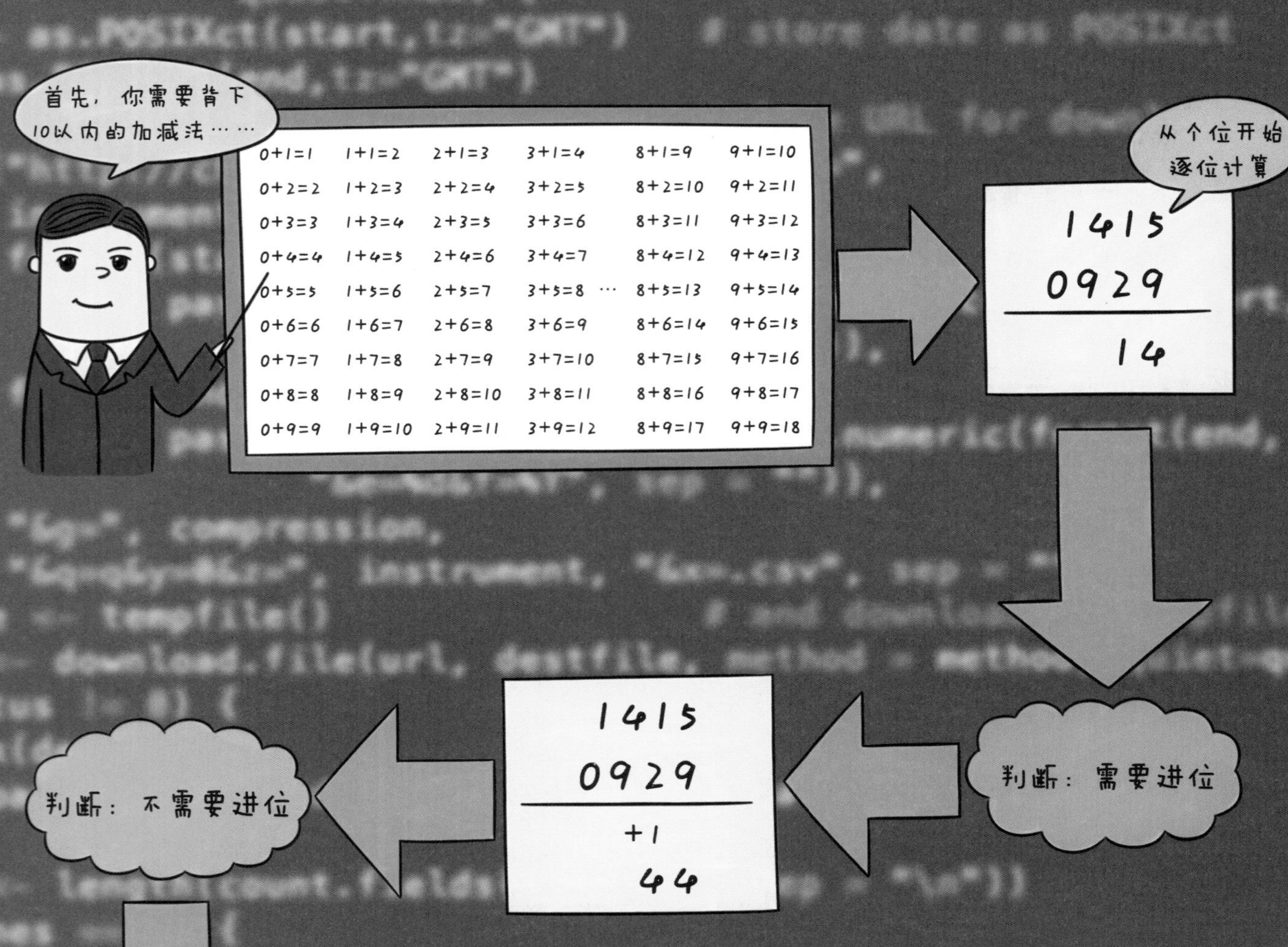

0+1=1	1+1=2	2+1=3	3+1=4		8+1=9	9+1=10
0+2=2	1+2=3	2+2=4	3+2=5		8+2=10	9+2=11
0+3=3	1+3=4	2+3=5	3+3=6		8+3=11	9+3=12
0+4=4	1+4=5	2+4=6	3+4=7		8+4=12	9+4=13
0+5=5	1+5=6	2+5=7	3+5=8	…	8+5=13	9+5=14
0+6=6	1+6=7	2+6=8	3+6=9		8+6=14	9+6=15
0+7=7	1+7=8	2+7=9	3+7=10		8+7=15	9+7=16
0+8=8	1+8=9	2+8=10	3+8=11		8+8=16	9+8=17
0+9=9	1+9=10	2+9=11	3+9=12		8+9=17	9+9=18

循环以上过程

1936年，数学家艾伦·麦席森·图灵（1912~1954）提出了图灵机的概念，将各种计算方法抽象成了这种简单的模型，奠定了计算机科学发展的基础。总结起来，图灵机的计算思路就是重复执行十以内加法，判断当前状态是否进位，是否有更高位的数字，然后进入高位运算这个过程，在此期间运算的位置逐渐移动。

计算机如何思考

21世纪，电子产品已经深入了我们的生活。在这些智能“生活伙伴”的背后，是用“编程”来赋予其“智慧”的程序员们。你想过吗？人们为什么需要借助计算机来解决问题？计算机的编程语言中又蕴含了哪些有趣的数学思想？如果你以后想要成为一名人工智能专家，不妨先来了解一下计算机是如何“思考”的吧！

我们为什么要用计算机解决问题？

人类作为自然界中智商最高的一种生物，却有几种问题解决起来很困难。不妨来思考一下这几个问题。

问题一：如何求全班同学成绩的平均分？

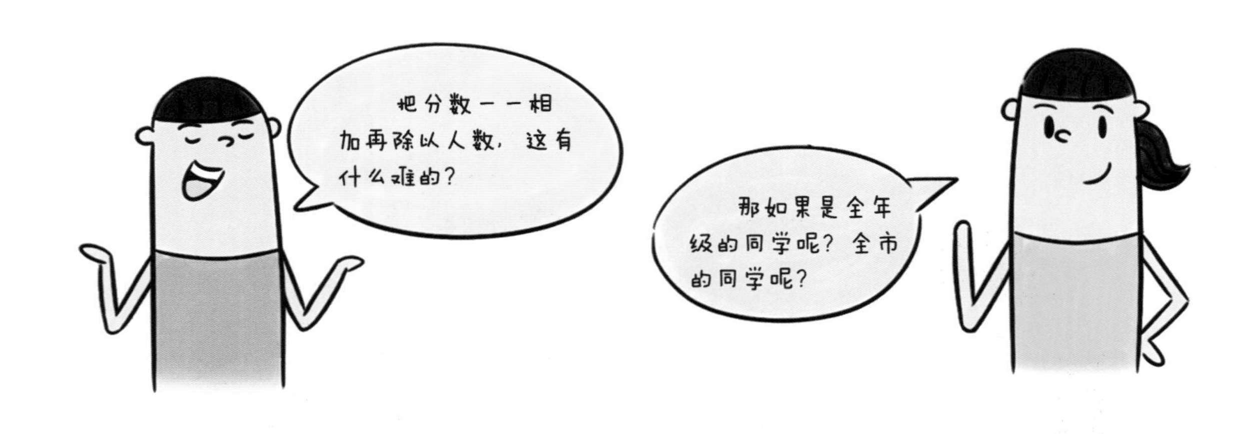

看似每一步运算都简单直接，但是真正实践起来却繁琐得很。更何况每一次都要手工记录抄写成绩，在多次求和运算中，难免会出错。

问题二：兔子繁殖问题

从前有一个人养了一对兔宝宝，小兔子要一个月的时间才能长成能生兔宝宝的大兔子。他想知道这两只兔宝宝在未来很长的时间里可以繁殖出多少后代。

假设一对兔子可以生出新的一对兔宝宝，并且在计算时间内兔子不会死去。

这样计算下去，兔子的总对数可以用下面这个数列表示

1
1
2
3
5
8
……

你会发现，每个月的兔子数等于前两个月的和！这个数列就叫做“斐波那契数列”。

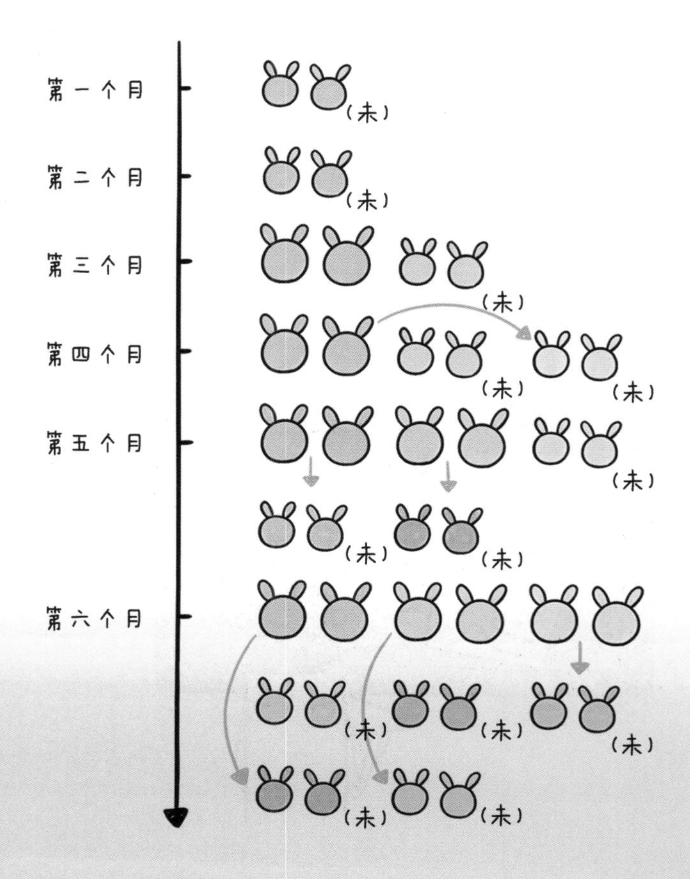

如果我们想要求第一万个月的兔子数量，我们就要一直计算，直到算到第一万个月，这显然要花费相当长的时间。

问题三：最短路径问题

想象一个小镇，道路蜿蜒曲折，各个居民区之间有不同长度的小路相连。现在镇长想在小镇的某一个居民区里新建一所医院，应该把新医院建在哪里最好呢？

如果这个镇并不大，可以试试计算把医院建在各个居民区里，然后计算人们到医院的距离之和。

如果这是一个超级大的镇，有成百上千个居民区，会不会工作量太大了呢？

回顾一下这三个问题，我们发现，当聪明的人类遇到：

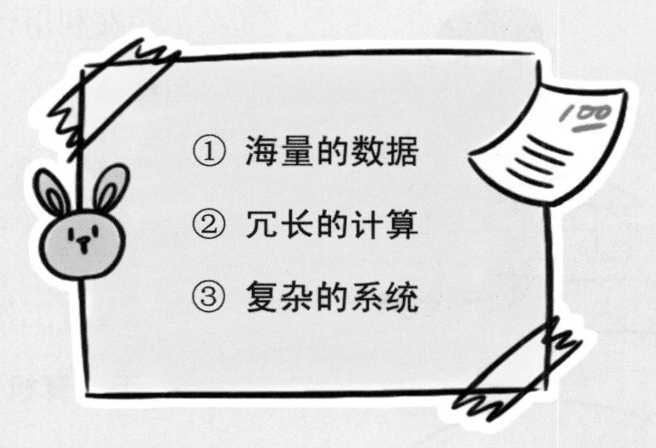

看起来很好理解的问题解决起来也会遇到困难。这个时候，就要请我们的得力助手——计算机登场了！

这位“朋友”其实并没有人类聪明——它自己并不理解题目的意思，更不能自己研究出一套解决问题的办法。

但是它拥有拔群的记忆力、人工难以达到的精确度和极高的计算速度，这就使得它能恰当地发扬人类的智慧又能弥补人类的不足。

在利用计算机后，人类是这样解决问题的：

① 理解并分析问题；

② 将大型、复杂的问题用算法分解为小型、重复工作的组合体；

③ 用计算机完成小型、重复的工作。

这样，人类就可以将自己的精力与智慧集中于设计和选择更好的方法，而不是重复又耗时的计算。

那么，拥有计算机的我们该如何思考呢？只有了解了计算机的“思维”方式，才能更好地利用它来解决问题。

盛放信息的“容器”——变量

计算机工程师会用“编程”来给计算机下达指令，让计算机来处理信息。在处理信息之前，计算机是如何将信息储存起来的呢？

想象这样一个场景：中国学生小知给他的法国朋友亨利写信，来给他们共同的英国朋友爱玛策划一个生日会。

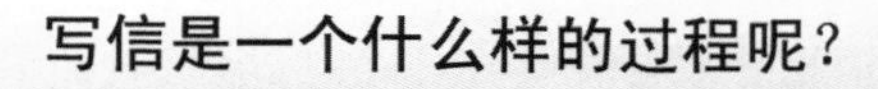

写信是一个什么样的过程呢？

①小知将字记录在纸上，纸记载字所代表的信息；

②亨利收到、阅读并理解它们；

③亨利将小知的建议和自己的创意结合，处理这些信息（做出反应）。

这一封信，作为信息的承载容器，既能把信息存储记录下来，又能让人读取、理解这个信息，进而使信息参与到一些处理和改造中。

在计算机程序中，这个信息容器就会被抽象成“变量”。变量可以理解为一个有名字的存储空间，就像是学校里贴了名字的柜子，或是有编号的信纸。

如果在纸上写字，就是向这个存储空间中输入信息。在计算机程序中我们把这个过程叫做“赋值”。变量赋值符号是“=”，也就是数学中常用的等号。

在数学中，等号是一个对称的符号，也就是说将它左右的内容交换之后，含义也是一样的。

比如小知的姐姐叫“慧慧”，那么慧慧就是小知的姐姐，把“小知的姐姐”和“慧慧”这两个词用“=”连接，就表示等号两端是完全相同的事物。

慧慧 = 小知的姐姐
小知的姐姐 = 慧慧

而在计算机语言中，我们可以将等号理解为一个从右向左输送的“管道”，右边装的东西都会被输送到左边的容器中。

如果左边的容器已经存放了东西，右边装的东西则会代替左边容器原来盛放着的东西，最后这个传送的过程会使两边的事物达到数学上的“相等”。

比如左边有一张空白的纸（代表变量a），右边如果也有一张纸（代表变量b），上面写了一个数字3；要使a=b，就需要把数字3抄到左边的纸上。

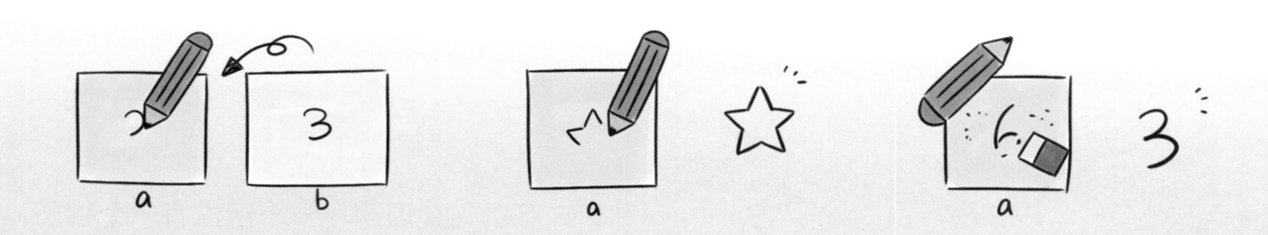

如果右边纸上是一个五角星，那就把这个五角星画在左边的纸上；如果左边原来就有一个数字6，那我们就要用橡皮把左边的数字擦掉，再抄上右边的数字3或者画五角星。

思考一下：如果想把a=3, b=5两个变量的值相交换，也就是纸上的数字需要互换位置，需要怎样操作？

如果简单地写成“a=b，b=a”，能得到正确的结果吗？

第一句话，b纸上的5抄在了a纸上，此时a纸和b纸都记的是5；

第二句话，a纸的5又抄在b纸上，本来两张纸上就都是5，现在还都是5。我们把3这个值搞丢了。

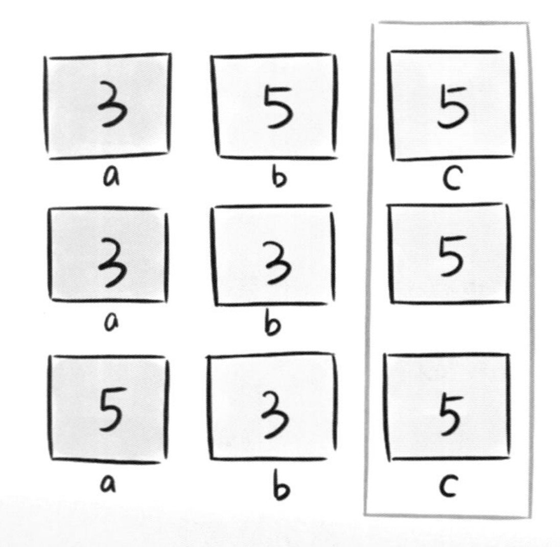

该怎么办呢？我们可以引入一个新的空变量c，它就像一张草稿纸，起到临时记录的作用。

执行“c=b；b=a；a=c；”就可以将a、b两个变量的值交换了。

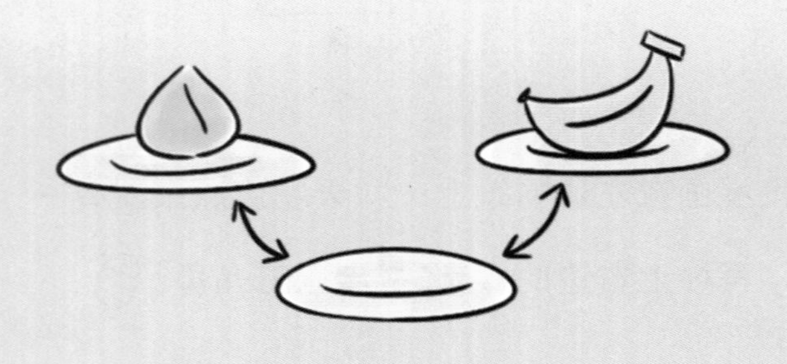

可以这样理解：一个碗里有一个桃子，另一个盘子里有一个香蕉，想要交换的话，就需要第三个容器，临时放一下。

变量这个“存储空间”需要提前“声明”，就像在做数学题解方程时，我们需要设未知数那样。“声明”就相当于在纸上写好编号，这样我们可以更好地“称呼”这张纸，而不会将彼此搞混。

到这里为止，你是否已经感觉到计算机语言和我们人类的思考方式有一些不同呢？

计算机程序中的“各国语言”——变量类型

计算机如何对不同类型的信息进行区分呢？

世界上的信息有很多种，并以不同的形式存在，比如中国人的名字是几个汉字，英国人的名字是一串字母。

我们的年龄是整数，身高、体重一般记录到小数点后一位。

一个人的国籍只能在已有国家里选择，学历也只有几种特定的表示方法……

而存储信息的纸也有对应的类型：有些纸是记录谱子的，有些印着田字格，有些专门用来写英文字母。

相同的，赋值符号只有在左右两侧的存储类型相同的时候才有效。这就好像我们只能在五线谱纸上写音符，而不能写汉字。

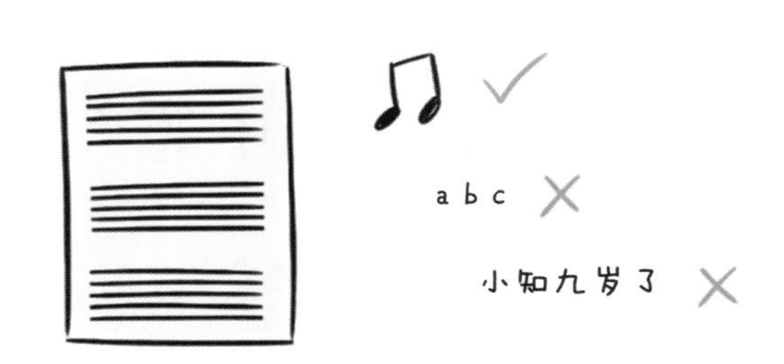

所以我们在声明变量的时候，除了给它起名字，还要确定这个变量的存储类型。

这样的设计是为了适应各个类型信息的特点。计算机把它们区分开来，从而更好地给它们设计不同变量类型内部的“语言”。

这样就能让同类的信息彼此运算，避免让不同类的信息在一样的运算里产生混淆或歧义。

就像是中国人用中文、日本人用日语、法国人用法语对话，同一个类型的变量就可以用属于自己这个类型的“语言”进行运算。

看了下面例举的这两种变量“族群”和它们的“语言”，你就能更好地理解，为什么不同的“族群”的变量尽量不要“沟通”了。

1. 数值族群：

在这个族群里，有一些没有小数部分的整数和不同精度的有小数部分的数。

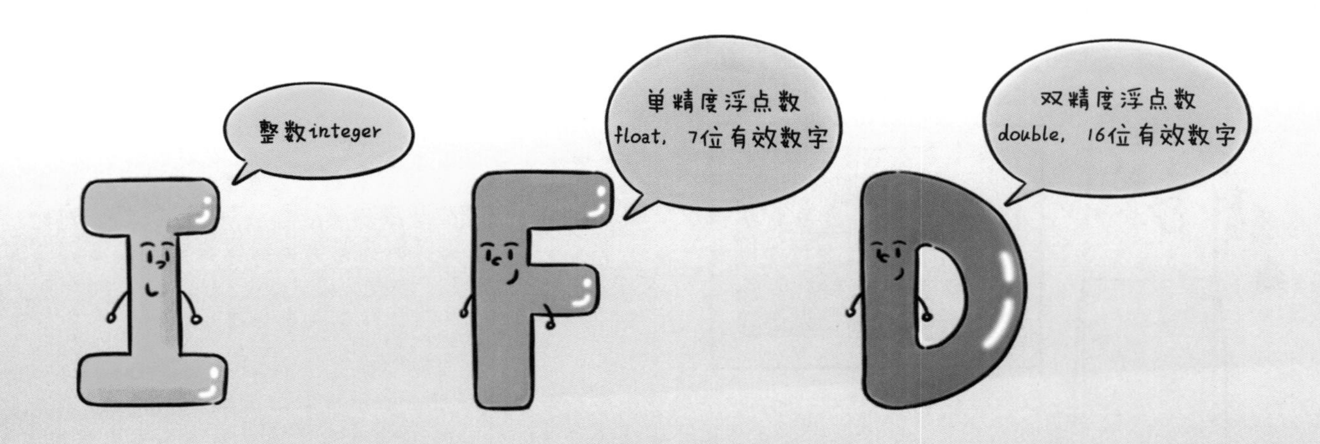

计算机在这几个“友邻”之间建立了一个通用的语言，叫做“相加”(+)。这几个“友邻”之间也有一些语言的差异，比如除法“/”：

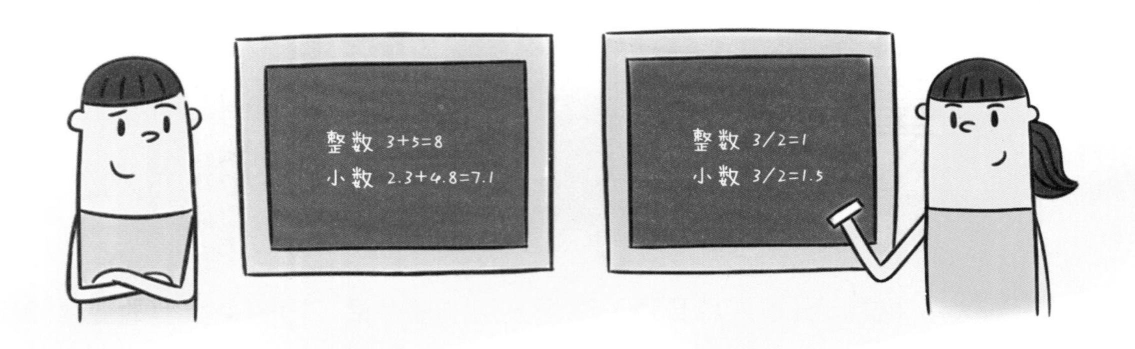

在两数相除时，整数的除法结果只保留了整数，而小数的除法结果则更精确。看来“友邻”之间也会有“文化差异”。

2. 字符族群：

字符就是：a，2 ，&等单个字母符号，字符串就是按顺序存储的一系列字母符号，比如apple、hello123等。

在字符串族群里，有一个熟悉的符号出现了。

你发现了吗？“+”这个符号和刚才应用在数值加法中的含义不一样了！这就是为什么我们需要对不同变量类型区别对待。

就像在现实生活当中，大多数人都用微笑来表示友好，但是在沙特阿拉伯的甸蛮族人之间，微笑却是一种禁忌。

这是因为相同的语言在不同的语境使用，含义会不同。如果不区分变量类型，出现这种符号时，计算机就不明白是按谁的语言来理解了。

你感受到了吗？计算机语言是非常严谨、有条理的！

存储变量的空间——内存

在创造一个特定类型的变量之后，计算机会把它储存在哪里呢?

请你想象这样一个场景——

慧慧沿着小知的口述和手指的方向，看到了他的柜子。

也就是说，小知告诉慧慧的不仅是存放物品的柜子的名称，同时也指明了柜子的位置，比如小知的柜子在三班门外楼道的第一排第一个。

柜子的位置是没错，但是书在柜子里，小知只告诉了慧慧柜子的信息，慧慧想要找到书，就需要打开柜子。

对应到计算机中——在创造一个新的变量时，计算机不仅仅用“变量名”给它起了一个名字，同时也会分配给它一个特定的“地址”来存储这个变量，也就是在计算机所有存储空间的“哪里”可以找到这个变量。

所以有了三组相对的概念。

名称	小知的柜子	ABC
内容	一本《你好！机器人》	字符类型变量 happy
地址	三班门外楼道第一排第一个	计算机内存 141行0929列

计算机在编译理解的时候是自动分配内存的，所以只要给出这个变量名称，计算机就可以自动找到这个变量的存储地址。

不同类型的数据所安排的“柜子”是不同的，那么柜子的大小会不会有区别呢？

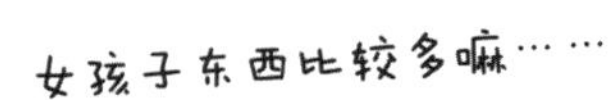

比如说，精度更高的小数相比简单的字符而言，就应该需要更多的空间。

在存储一些信息的时候，计算机会分配给这个要存储的东西一段连续的内存，并且保证这段内存的长度与它储存的数据类型相匹配。

比如，计算机会给一个字符分配一个“字节”长度的内存，一个整数分配连续4个“字节”长度的内存。

有了这些理解基础，我们就可以开始了解计算机如何理解和使用地址了。

当要输出一个字符型变量x（拿出小知的柜子里的东西）的时候，计算机输出变量的过程如图所示。

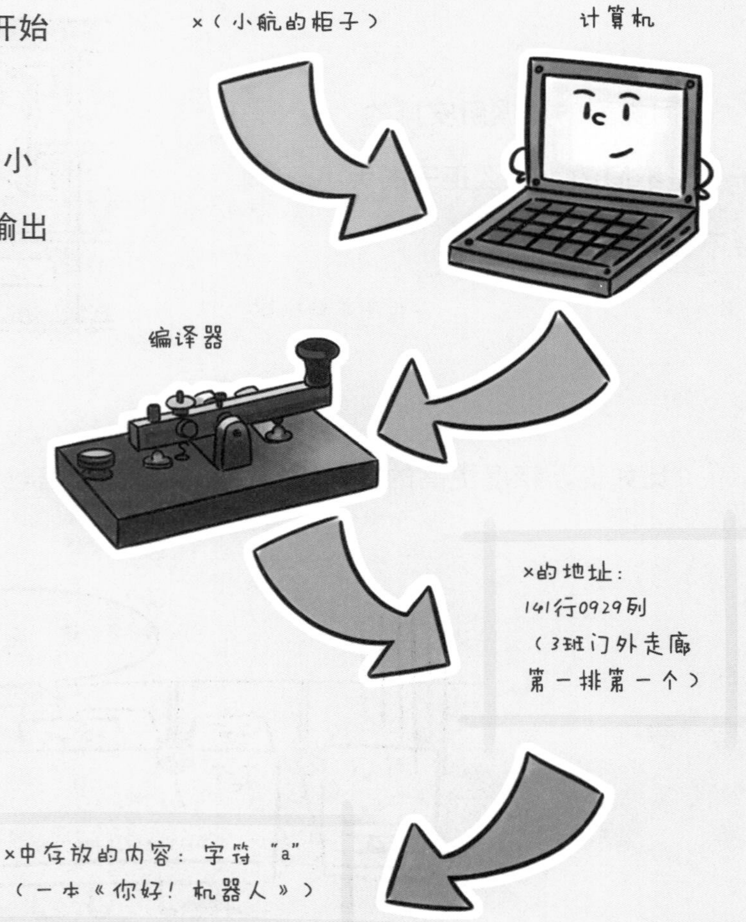

当输入一个整数型变量y（将三班的作业放到老师办公室的台子上）的时候，计算机接收了y（“老师办公室的台子”）这个名称，并且分配了对应的地址（“办公楼3层301室右侧第一列开始的四个连续空间”），将内容放进去（把作业放在这）。

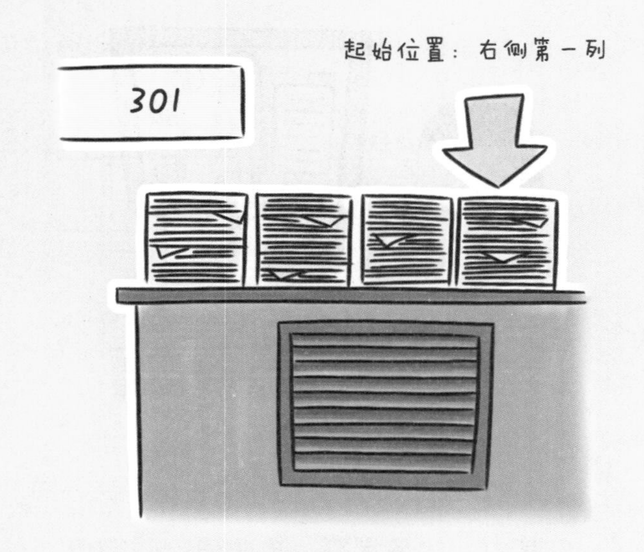

当要取出这个整数型变量的时候，计算机接收了y（“老师办公室的台子”）这个名称，并且对应到了相应的地址，根据这个数据类型对应的存储空间大小，从这个地址开始的地方连续地取出4个字节的内容（从台子上第一列开始，取出4摞作业本）。

这就是计算机中变量的存储方法。

游戏中的职业与角色——类与对象

世界上的信息并不是单独以数据的形式散落一地，而是作为世间万物的组成部分存在的。

比如游戏中的一个玩家，就会有玩家ID、所在服务器、攻击值、防御值、充了多少钱等各种特征。

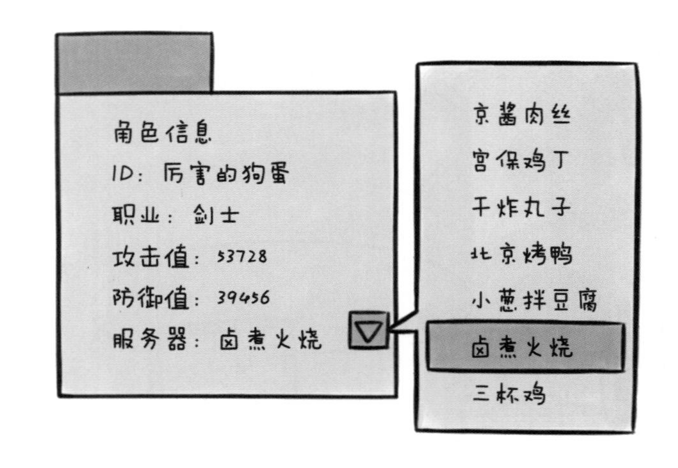

其中，ID是字符，攻击值、防御值是整数，所在服务器这个变量的值只能在一定范围内选择。

	ID
1	厉害的狗蛋
2	隔壁小花
3	美女与野兽
4	宇宙斗士
5	天国的公主
6	可爱肥猫

	ATTACK
1	53728
2	51299
3	49373
4	46527
5	42333
6	40038

假如一个服务器里有25个玩家，为了存储他们的信息，可以建立一个叫ID、长为25的列表，里面是25个玩家的名称，用字符型变量存储。

再建立一个叫attack、同样是长为25的列表，里面是25个玩家的攻击力值，用数值型变量存储，以此类推。

但是这种处理数据的方法，似乎使各个玩家的信息显得“支离破碎”。有没有更好的思路呢？

抛开算法的前提，请想一想：对于描述世界上的事物，人们会将各种东西用它们的属性来概括：

书的属性：封面的长、宽、颜色，页数，出版社，版本……

人的属性：姓名、性别、年龄、国籍、学历……

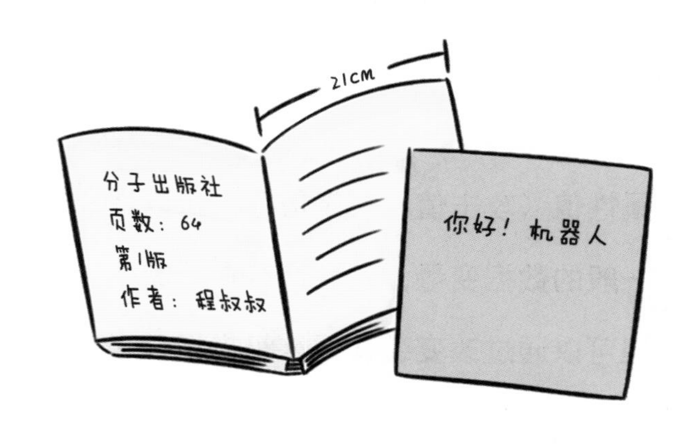

也就是说，如果将每个事物本身作为一个基本单位，将它的属性打包起来呈现，处理起来会更加直观、便利。

回到之前的例子，我们要存储一系列玩家的信息。这一次我们从人出发，对每一个玩家建立一个“档案”，也就是“类”：

除了一般的变量和列表，函数也可以成为“类”中的属性（也可以称为“能力”或“动作”）。

属性值（攻击值、防御值等）可以理解为一般的数据变量，一直储存在玩家体内，但可以通过改变装备或练级来提升（修改变量的值）。

能力可以理解为函数，可以综合外界传来的信息（比如敌人的攻击值）和玩家自身的属性做出反应（使用函数进行计算并得出结果）。

在很多角色扮演游戏中，系统已经准备好了几种固定的职业（类），比如巫师、骑士、魔女、道士等供玩家选择。

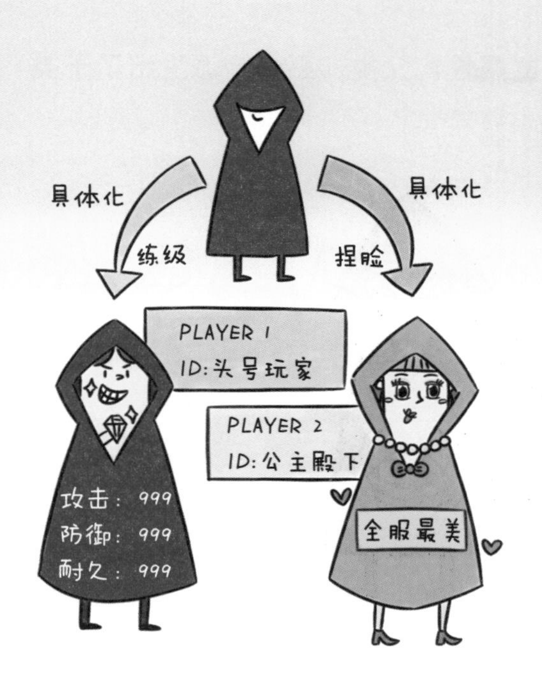

玩家在进入游戏的时候，就需要从这个抽象的职业（类，姑且可以理解为一种更复杂的变量类型）中具体化出一个玩家（对象）。

总的来说，类（职业：巫师）是抽象的框架，对象（玩家：“厉害的狗蛋”）则是填充了所有具体特征和细节属性的实体。

在类中，还有一个概念叫继承与派生。在游戏中，巫师类可以“派生”很多子类，比如青铜巫师、白金巫师、王者巫师。

他们都有巫师这个类的属性，但是因为等级不同，就会有各自的等级任务，所以还需要创建一些额外的变量来记录这些属性（任务完成情况等）。

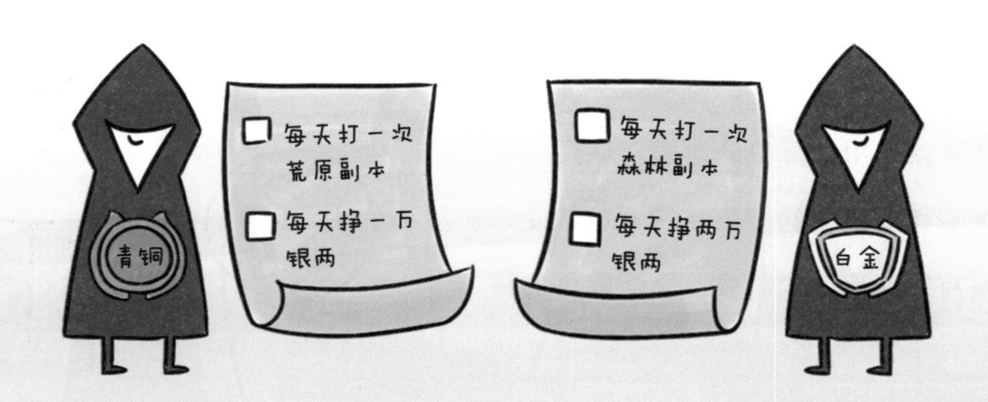

也就是说，子类（青铜巫师）继承了父类（巫师）的属性，父类（巫师）派生出了子类（青铜巫师）。

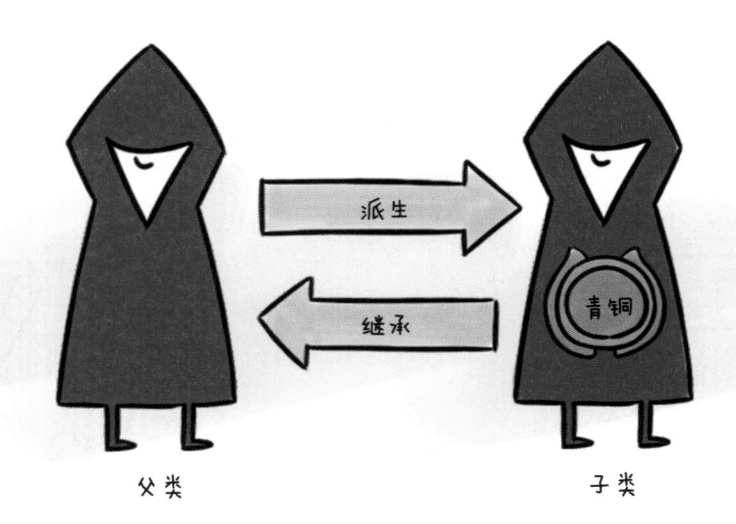

对于新的类来说，编程的时候可以检查有没有这个类所属的父类，这样可以更方便地整理类与类之间的关系，也不需要重新将属性抄写一遍。

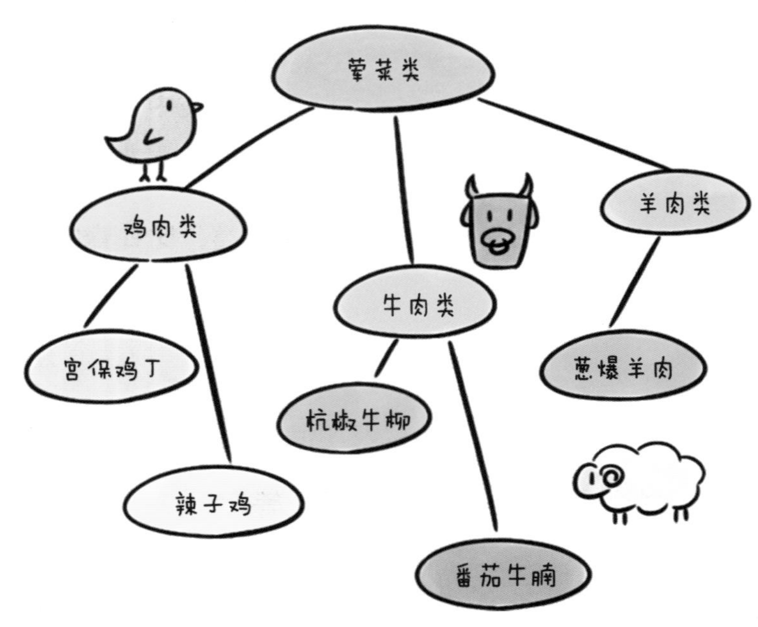

“类”其实就是用计算机的语言对现实中的事物进行拆解和数值化的抽象结构，这就使得程序员在编写复杂程序的时候，思路能更加清晰。

计算机之父——图灵

艾伦·麦席森·图灵，1912年出生于英国伦敦一个科学世家。家庭教育的熏陶加上自身天赋异禀，图灵自小就对数学产生了浓厚的兴趣，并表现出了独特的创造力和敏锐的科学才能。图灵年仅15岁时就独自撰写了爱因斯坦一部著作的内容提要，这说明他已经具备了非同凡响的数学水平和科学理解力。

1936年，他在题为《论数字计算在判断性问题中的应用》的论文中，对“可计算性”下了严格定义，并提出著名的“图灵机”的设想，为沿用至今的“算法”和“计算机”等核心概念奠定了基础。1950年，图灵提出的“图灵测试”更是为人工智能科学提供了开创性的思维方法，图灵也因此被冠以“人工智能之父”。

谈及图灵，他在二战时的贡献永远是浓墨重彩的一笔。他加入布莱切利庄园中的政密学院，帮助盟军破解纳粹军方的通讯安全系统——Enigma密码机。图灵和他的团队组装了一台名为“炸弹”的机器，成功破译了德军的密文，打破了潜艇的保密性，扭转了二战盟军的大西洋战局。图灵也因此于1945年获得政府的最高奖——大英帝国荣誉勋章。

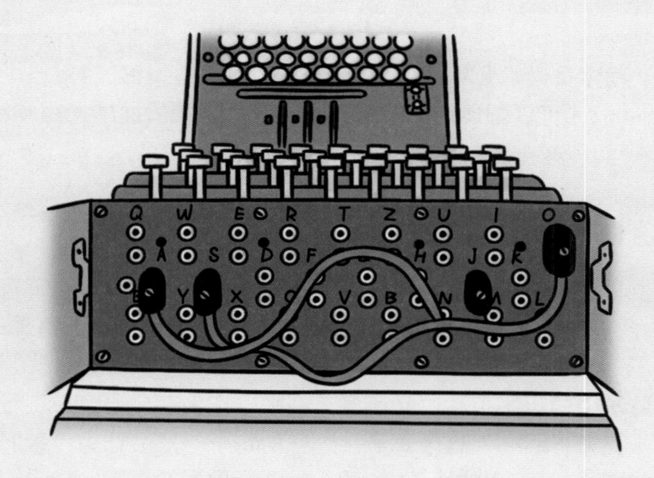

斐波那契是谁？

列昂纳多·斐波那契（1175-1250），意大利数学家，著有《Liber Abaci》和《几何原本》等。

解决“最短路径问题”的常用算法

用于解决最小路径问题最有名、最常用的算法叫“迪杰斯特拉(Dijkstra)”算法。对于一些由不同长度的路线和目的地节点组成的地图，它能求出从一个确定起点到一个确定终点的最短路径。另一个方法叫“弗洛伊德(Floyd)算法”，它可以求出任意两点之间的最短路径。

第一台计算机

机械计算机最早可以追溯到公元前100年的安提基特拉机械——古希腊人为计算天体位置设计的机械。在此之后，出现了各种各样进行四则运算或者天文地理相关度量的机械，在一战和二战时期机械计算机领域的发展更是达到了巅峰。1960年代中期，使用阴极射线管作为输出的电子计算器出现，并且开始大规模取代机械计算机。

世界上最快的超级计算机

2020年6月，日本Fugaku超级计算机诞生了，并取代美国的Summit超级计算机成为全球最快的超级计算机。在这个榜单上，我国“神威·太湖之光”位居第三。据了解，Fugaku超级计算机运算速度峰值能达到每秒51.3亿亿次，是第二名Summit超级计算机运算速度的2.8倍！

多元化的学科

对于计算的方法，人类广泛地涉猎了很多类的问题，形成了多种多层次的学科，例如运筹学、图论等。在人们的研究和挖掘下，这些学科提供了实用性强的通用方法，不仅能保障答案的精确性，而且大大简化了算法的复杂度，使得到结果的时间更短，占用的内存更少。

数学中的“变量”

在数学中，在解方程时也会用到“变量”的概念：只有向未知数x里代入特定的数值，等式才能成立。不论是在数学还是计算机中，你都可以把“变量”简单理解为一个代称，它可以代表不同的数，但是在式子或者程序的结构中有着固定的位置，这个字母负责给这个重要但是不太确定具体数值的位置“占个地儿”。

变量的命名

在给变量命名的时候，程序员通常会考虑变量代表的实际意义，比如想用一个变量来记录某个网站的浏览次数，就可以命名为viewCount（可以翻译成“浏览计数”），方便后面的使用和检查，也便于同一个项目团队中其他程序员的理解。

小结：等号的赋值作用

编程中的“赋值符号”与数学中等号的意义最大的不同就在于，在数学中等号是用来指明两个量之间的大小关系，是一个表示“=”左右的两个事物是否相同的标志；而在计算机中，则是一个将“=”右侧的量覆盖左侧量的动作。

如果想在编程中表达数学中的相等关系，又该怎么办呢？在大部分语言中，程序员可以使用两个连续的等号“==”来表示“相等”，比如“a==b”这个式子。这样的句子一般会作为“判断条件”出现。在这样的程序语句中，计算机会先进行判断，如果a真的等于b的话，就执行后面的语句；如果a并不等于b，就不执行后面的语句。

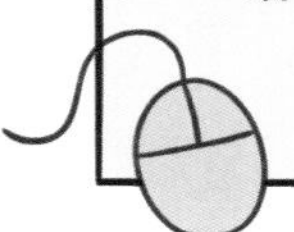

思考题：计算机如何比较若干个数据的大小？

如果让你从一列数据中找出最大的那个，你可能会先用眼睛扫视所有的数据，然后直接判断出哪个是最大的。然而，这个过程在计算机中却有所不同。计算机需要先设置一个变量来记录当前的最大数据，然后从第一个数据开始往后逐一进行比较。

比如，我们需要找出64，88， 79，53，90中的最大值，并用字母a来记录当前的最大数据；先将第一个数据64赋值给a，然后将64和第二个数据88进行比较，发现后者较大，于是计算机把更大的数据88赋值给了a，此时a=88；接着将此时的a与第三个数据79进行比较，发现仍然是a=88较大，所以不改变a的值，继续和下一个数据进行比较……最终，程序就判断出90是这一列数据中的最大值。

什么是“计算思维”？

计算思维可以抽象为四个基本步骤：

1. 分解：把整个问题沿着流程或者要处理的数据的特点，分解为一些比较基本的容易处理的小问题，一般这些问题都能归结为简单的计算。

2. 找规律：经过了上一步的拆解，这里就要分析这些小问题之间的关联性了。比如在斐波那契数列的例子中，我们就要思考：前一个阶段的青年兔子（未成年的第二阶段）加上当时的成年兔子等于当前阶段的成年兔子数，而青年兔子数又等于前一个阶段的幼年兔子数，幼年兔子又与当前所有的成年兔子数相关，这就将不同的小问题相互联系了起来。现实问题中这种“关联”可能要更复杂。

3. 总结一般规律：上面的关联规则使得各个小问题之间有了连结，接下来就要把这些规律进行抽象和总结。继续研究斐波那契数列的问题，当前阶段的兔子数等于上一阶段和上上阶段的兔子数之和，就是我们总结出来的一般公式。

4. 程序设计：最后，程序员就可以将上面的内容用数学的形式总结出来，再用计算机的语言表述出来，使这个过程成为一个可以执行的程序。

抽象的变量类型

除了数值、字符等比较具体、有实际含义的变量类型以外，实际上还有一个很常用但是比较抽象的变量类型——“布尔（Boolean）类型”。数值类型里的变量可以取值3或者2.62或者无穷无尽的数，字符型变量可以取各种字母、符号、汉字等，但是布尔类型变量却只能取“True（真）”或者“False（假）”两种值。

比如前面提到的“a==b”这个句子，其实可以理解为一个布尔类型的值。如果a的取值和b的取值相同，那么a==b成立，这个变量的值就取True；如果取值不同，那么a==b不成立，这个变量的值就取False。计算机根据得到的布尔类型变量的值进行判断，再决定是否进行后面的操作，这个过程就像是给面临两条岔路的火车选择铁轨一样，非此即彼。

更多变量类型

除了正文中提到的这些类型以外，变量类型还有很多，它们有不同的存储要求和特点，有些情况下彼此之间也可以进行数据类型的相互转换。但是在不同编程语言（编程工具）中，也会有不同的变量类型种类。在比较基础的语言中，会更强调数据的存储长度和精度；而在较高级和集成的语言中，则会有更多实用的数据类型，比如货币、时间或者日期等。

思考题：整数“1”减去3 vs 字符“1”减去3

如果声明一个整数x和一个整数y，那么当x=1的时候，y=x-3的值自然就是-2了。但是如果x是字符类型的变量呢？这种加减法还有意义吗？

实际上，为了保持统一，国际上给每种符号都编了一个号码。这样，无论是在哪个国家的计算机上，同一个数字代码对应的都是同一个符号，就不会出现混乱了。这个代码就叫做“ASCII”码，下方的表格里给出了一些常用的符号对应的ASCII码。

ASCII值	控制字符	ASCII值	控制字符
48	0	73	I
49	1	74	J
50	2	75	K
51	3	76	L
52	4	77	M
53	5	78	N
54	6	79	O
55	7	80	P
56	8	81	Q
57	9	82	R
65	A	83	S
66	B	84	T
67	C	85	U
68	D	86	V
69	E	87	W
70	F	88	X
71	G	89	Y
72	H	90	Z

当x为字符类型的变量时，如果令x等于“M”这个字符，那么它对应的ASCII码就是77；当对字符进行加减运算时，实际上是对ASCII码进行的运算。77减去3得到74，在表格中找到74对应的字符是大写字母“J”，因此y=x-3得到的结果就是“J”。

数据类型的转换

说不同语言的人们进行交流的时候，需要进行翻译才能相互理解。计算机“语言”也是一样的，这就是数据类型的“转换”。如果强行要求其中一种数据类型转换成另一种进行计算，就像让法国人学说中文，两方就又可以互相交流了。

内存泄露

在存储变量的时候，计算机会分配内存，程序员则可以通过指针来定位和控制这一块内存。但是如果我们因为某些原因对这块内存失去了控制，那么就会出现有一块内存被占用了、但是人们却不能使用它或者释放它的情况，这就叫做“内存泄漏”。就像你去游泳馆游泳时想要使用某个公共储物柜，却发现有人把东西放在里面，但是忘记了自己柜子的编号，导致这个柜子一直被锁住，没人能打开它取走东西或者再次使用它，这就是一种“内存泄露”。

1个字节有多大？

在计算机当中，1个字节可以储存8位二进制数，一个4字节长度的整数型变量则可以储存32位二进制数。那么问题来了，为什么计算机要采用二进制呢？

① 和逻辑电路相对应。计算机的硬件基础是逻辑电路，也就是计算机主机内部的各种电路和元件，最基础的传递信息的方式是就“通路”和“不通路”，也就是开和关。这样基础的信息在最开始被表达的时候也只能被两个状态（两个数字）来表示。所以逻辑电路也被称为0-1电路。

② 不容易出错。0和1可以对应黑和白，想象一下识别一长串的涂满黑和白的牌子，和同样长的涂满各种颜色甚至各种深浅的颜色的牌子，是不是黑白色更不容易出错呢？而且即使出错，也更容易被检查出来。二维码、条形码等都是应用这个原理来记录信息的。

③ 二进制运算比十进制简单。

④ 二进制和十进制等其他进制均可以互相转换。

认识游戏行业

游戏作为一种非传统行业，或者说是一门“综合学科”，各种各样类型的人才都可以为它进行各个方面的工作。从作家编剧到画师、3D模型渲染到编程、再到中高层的策划，只有进行了明确的分工和合作，才能保持整个工程的顺利运转。

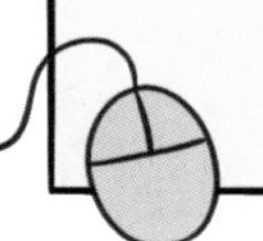

应用“类”来编程的优势

这里提到的这种变量创建方法，除了让信息“支离破碎”以外有没有什么别的弊端呢？

想想看，游戏中的玩家不仅仅会进行“创建”这个操作，还会涉及“注销账号（删除）”之类的操作。如果工程师需要从后台把一个玩家删除，按照这里的这种信息储存方式，就要把这个玩家的信息分别从每一个数组里都剔除掉，不仅麻烦，还有可能打乱每个“列表”原有的次序、造成混乱。以前第15个角色现在还是第15个吗？

有了类和对象的方法后，每个玩家的信息都是独立存在的，游戏设计师就可以更自然地进行程序设计，不会增加不必要的工作量。

游戏的防沉迷系统

作为未成年人的你，在玩游戏超过一定时长后，系统的“防沉迷系统”就会提示你进行身份验证等操作。“防沉迷系统”的基础是实名制注册。在此基础上，比较简单的防沉迷机制是减少玩家被允许上线的时间，比如每天3小时，甚至可以更精确地限制到工作日或者节假日、白天或者晚上。

另一种比较有技巧的机制是在玩家达到一定上线时间后，会强制降低玩家的虚拟资产（比如经验值或者金币等）的增长速度，让玩家获得的收益速度变缓甚至不再增长，进入“白打”的阶段，使得玩家逐渐失去兴趣，用这样的方式让未成年玩家减少游戏时间、保持身心健康。

但是显然，创建“小号”或者使用假信息很容易就能规避防沉迷系统的限制，有些游戏开发商为了获得更多的用户，也不会自觉主动地给游戏加上防沉迷系统。如果有了更加智能和灵活的防沉迷系统，相信游戏玩家会得到更加人性化的引导，开发商也会合理地控制流量。

多重继承

如果一个子类同时具备多个父类的特征，它能同时继承这两个父类吗？

比如，如果一个角色在地图里是青铜巫师，同时控制它的玩家在游戏论坛里是二级版主，这就涉及到了多重继承。它不但要继承巫师的属性，也要继承版主的属性。当然，前提是这两个父类之间不冲突。

“类”在其他场景中的应用

除了在游戏设计中的应用以外，在网站统计用户、地图统计建筑等场景，在编程的时候应用“类”这个概念会变得很方便。

斐波那契兔舍
263

编程的重要工具

在上一章中，我们了解了计算机是如何储存信息的。人类在利用计算机解决问题时，要给计算机下达各种“指令”来处理这些信息，而下达指令的过程就叫做“编程”。在当今这个信息化的时代，“编程”几乎成为了各个领域工作者必不可少的能力——物理学家利用编程来计算微观粒子之间的相互作用，化学家利用编程来模拟分子的形态，经济学家利用编程来归纳经济规律……除了实际应用以外，编程当中还蕴藏着很多精妙的数学思想，非常值得我们学习。快翻到下一页，一起了解一下有趣的“兔子繁殖问题”和“汉诺塔”游戏吧！

编程的重要工具——函数

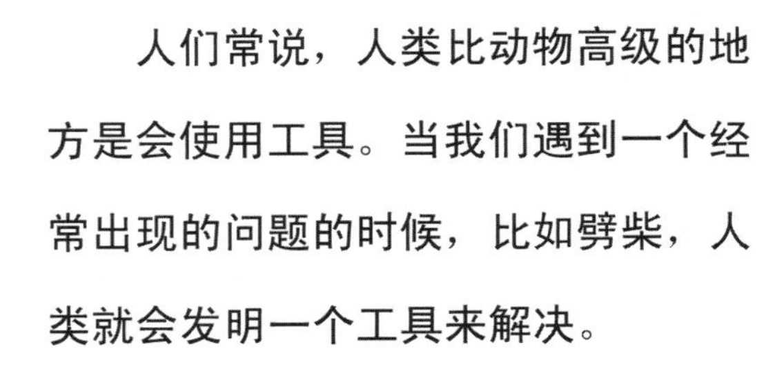

人们常说，人类比动物高级的地方是会使用工具。当我们遇到一个经常出现的问题的时候，比如劈柴，人类就会发明一个工具来解决。

我们将石头的侧刃磨得很锋利，并且绑上木棍，就得到了一个斧子。斧子可以将粗大的木柴劈成更短更细的小柴火。

再比如制作绿豆糕。我们会先把木头雕刻成一个模具，然后准备好皮的材料和馅的材料；按照正确的顺序把两种材料放进模具里，就能得到成形的绿豆糕了。

当然，我们可以用相同的模具制作红豆糕、月饼等。只要是类似的糕点，都可以用同一个工具来操作。

“函数”就是一个像斧头和模具一样的工具。它有自己鲜明的功能，只需要提供“原材料”，这个工具就能加工出新的东西。

举一个很简单的例子。还记得上一章中，交换两个变量里存储的数据的值是怎么做的吗？可以用“伪代码”来展示函数的结构。

第一部分：创建一个函数。

定义<交换两个变量存储的值>(数a, 数b)：

{

函数名

(接收了传入的两个“原材料”)

利用辅助变量数c：

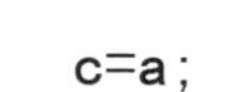

c=a；

a=b；

b=c；

输出 数a, 数b

}

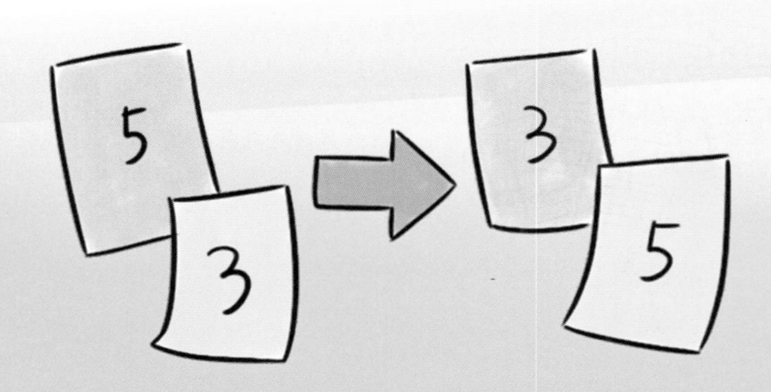

第二部分：使用这个函数。

函数在建立的时候也有名字，你只需要在使用它的时候“叫它的名字”，并且给它“提供原材料”，它就可以为你输出结果，或者帮你做需要的事情了——

输入：a=5, b=3；

输入：交换两个变量存储的(a, b)

此时会输出：3，5

也就是说，“函数”其实就是很多解决问题的语句的集合体。

函数有以下几个特点：1. 功能性明确。

2. 经常以类似的形式和原因使用（调用）。

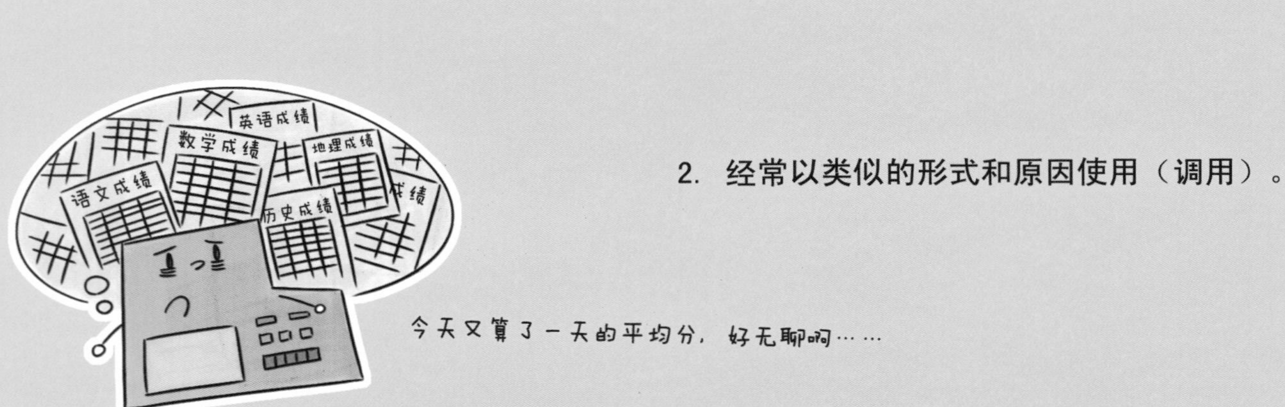

为了方便使用，可以将用于解决某个问题的一系列语句打包成一个函数，使得整个程序更加清晰简洁。否则，每次想要实现相似的功能时都要重新输入这些语句，这会产生很多冗余的工作量。

有时候一些程序包会自带函数，就像遥控汽车模型的材料包一样，也许暂时不需要知道它怎么运行的，只要会控制和使用它就好了。

还有些时候出于解决问题的需要，你需要自己设计函数，就好像自己把石头磨尖、把木棍绑在石头上，这时候就需要你的聪明才智和编程经验啦。

循环语句

计算机的强大计算速度解放了人类的脑力，而实现超多次计算的一个重要编程方法就是“循环语句”。

例如，要计算多个数的加和：

1+3+5+8+23+68=?

最原始的办法就是，从前往后逐步计算。

如果是你亲自做这件事，就需要一步一步做到结束，非常费时费力，而且还可能出错。

如果用“循环语句”来实现呢？来看看计算机的思路吧。

先用一个变量s专门放“到现在为止的数相加之和是多少？”的答案，再用一个变量i专门放“加到第几个数了？”的答案；

在进行循环之前，变量s这里只有0（因为计算机没有开始加），i是1（下一个要加的数是第一个数）。

计算机进行加法的步骤是：将连加到现在的进度s，与下一个没有相加的第i个数加在一起。所以计算机在每一次循环时都只需要：

① 让i告诉计算机现在加到第几个数了；

② 计算机将s的数值和当前的第i个新数加在一起；

③ 告诉s，让s重新记住最新的加和结果；

④ 为进行下一个循环做准备，将i的值+1，表明当前这个数已经被加过，下一步将进行下一个数。

所以第一次计算机进行的是：

1. s现在只有0，i告诉你将要加第一个数字是1；
2. 计算机把0和第一个数1加在一起，得到新的结果1；
3. 告诉s现在的值是1，让s重新记住这个数；
4. i从1变成2，也就是准备加第二个数。

第二次计算机进行的是：

1. s现在是1，并且已经进行到第2个数；
2. 计算机把1和第2个数3加在一起，得到新的结果4；
3. 告诉s现在的值是4，让s重新记住这个数；
4. i从2变成3，也就是准备加第三个数。

这样计算机就可以用一种重复的模式来进行了。

总结来讲，循环语句的意义就在于，将一些重复的过程用代码概括为一种通用的、每次步骤都能以同样形式重复的模式。

揭秘汉诺塔——递归思想

还记得上一章中兔宝宝的例子吗？如果要设计一个函数，求斐波那契数列的第k个值，该怎么做呢？这个函数应该能够实现如下功能：

可以让计算机从头开始逐个推算，以正向的逻辑进行——

初始化：

<斐波那契>(1)=1

<斐波那契>(2)=1

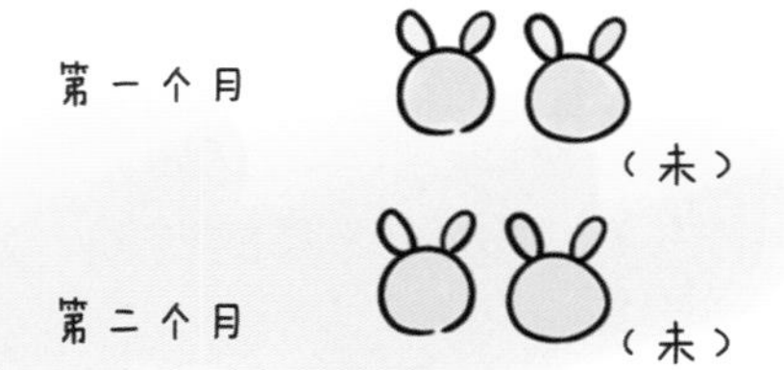

循环：

k=3　F(k)=F(k-1)+F(k-2)=F(2)+F(1)=2

k=4　F(k)=F(k-1)+F(k-2)=F(3)+F(2)=3

k=5　F(k)=F(k-1)+F(k-2)=F(4)+F(3)=5

……

为了简便，这里用字母F来代替<斐波那契>，而括号中的数代表第几个月。

发现了吗？在这个函数的计算过程中，每一步都要依赖上一步的结果。因此，在这里，你可以尝试使用一个特殊的方法——递归。

可以把函数设计成这样——

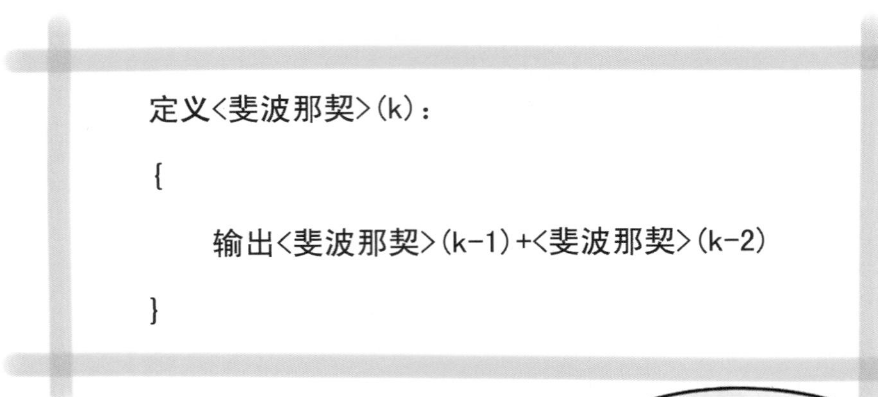

```
定义<斐波那契>(k)：
{
    输出<斐波那契>(k-1)+<斐波那契>(k-2)
}
```

这个函数在进行计算的时候，运用的“工具”仍然是它自己。这就是“递归”的神奇之处。

也就是说，当它被问到上一个和上两个值是什么的时候，又要再追问倒数第三个和倒数第四个值……这个过程就叫做递归。

直到它找到斐波那契数列的第一个数和第二个数，也就是1和1，才能够结束这一连串的追问，再回过头回答最开始的问题：第k个数是多少？

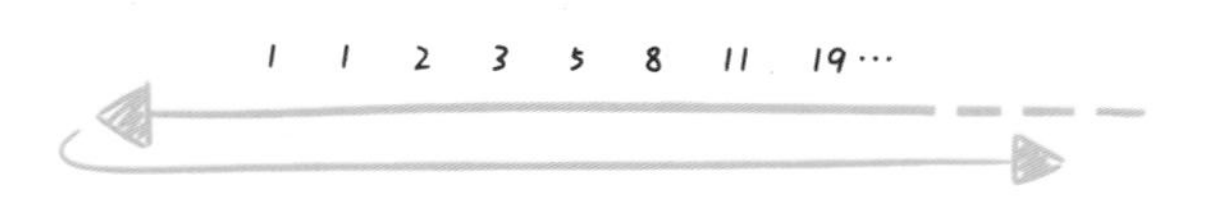

这种方法在程序中被广泛地使用，是一种很有技巧性也很方便的结构。但使用这种方法的前提是，你必须知道当前第n个答案和前面某些答案之间的准确关系。

揭秘汉诺塔

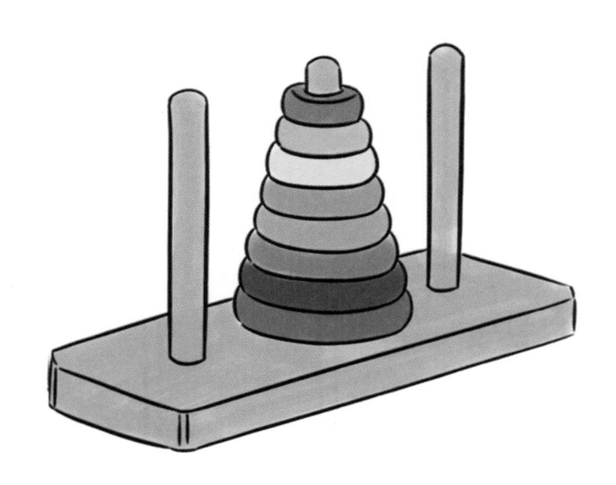

汉诺塔是一个古老的传说中的游戏，相信有很多小朋友都玩过。

传说在越南的河内，有间寺院中有三根银棒，其中一根上面摆放了64个金盘（盘子中间有一个孔，银棒从孔中穿过，盘子的尺寸由下到上依次变小，摆成一个小山的形状）。

寺院里的僧侣依照一个古老的预言，以某种规则移动这些盘子；预言说当这些盘子移动完毕，世界就会灭亡。

游戏规则是这样的：有三根杆A、B、C。A杆上有 N 个（N>1）圆盘，需要将所有圆盘移至 C 杆，要求：

1. 每次只能移动一个圆盘；

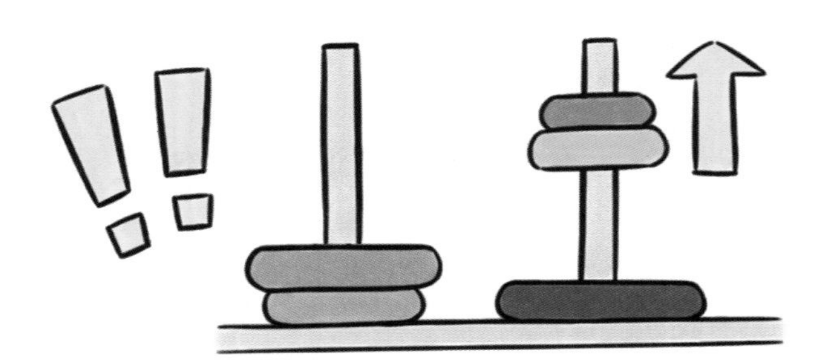

2. 大盘不能叠在小盘上面。

圆盘可以暂时放在 B 杆，从 A 杆移出的圆盘也可以重新移回 A 杆，但都必须遵循上述两条规则。

也就是说在整个移动的过程中，每一根杆上都只能是一个按顺序排列、从大到小的小山。请问：一共要移动多少次呢？

可以先思考三个圆盘的情况，再逐渐增加圆盘的数量，探索其中的规律；但是计算机似乎有更好的办法来解决这个问题。

对于一般人的计算能力来说，由于我们没有物理原理或者游戏规则帮助我们正向地推算出每一步的进展，因此逐一从1到n解决这个问题完全没有头绪。

然而，汉诺塔问题是一个典型的“递归问题”，计算机能够利用递归的方法，在完全不需要解释运算过程的情况下得出答案。

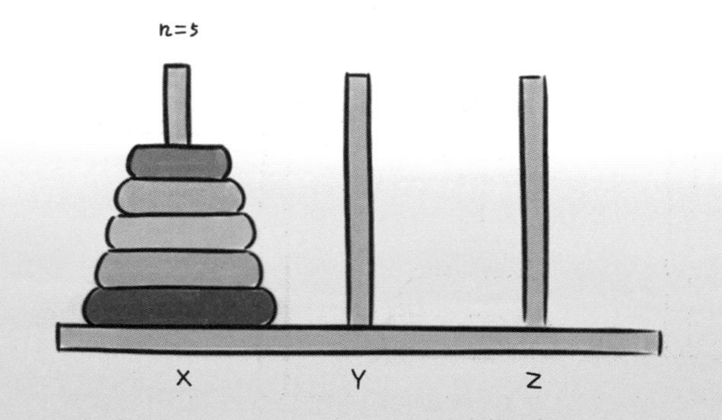

＊ X, Y, Z只是三个杆的名字，可以代入任何字母。

函数Hanoi (X, Y, Z, n) 表示X、Y、Z三根杆以及最左边杆上的盘子数是n的情况下，需要将在X杆上的n个盘子，利用中间的Y杆，全部按规则移到Z杆所需要的次数。

在这个函数中，虽然无法直接写出有意义的公式，但是把杆A，B，C带入函数中得到的Hanoi(A, B, C, n)却是需要的最终答案。

用1到n给所有的盘子进行编号，n是最大的盘子。初始状态：

A：n，n-1，n-2，n-3，……，3，2，1

B：空

C：空

所以现在需要解决的问题是Hanoi(A, B, C, n)。

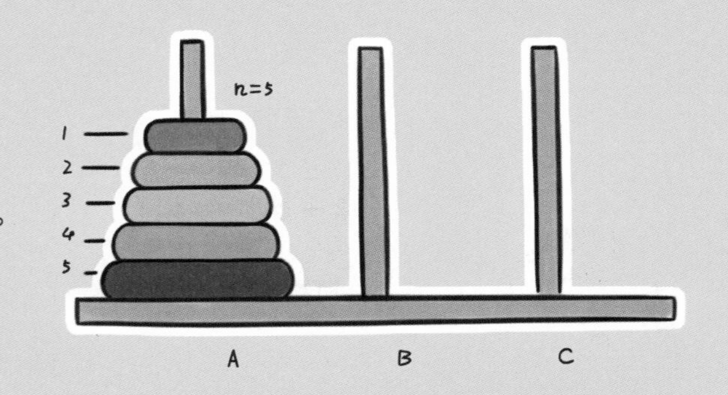

正式第一步：让最大的盘子n移到C的最底端。

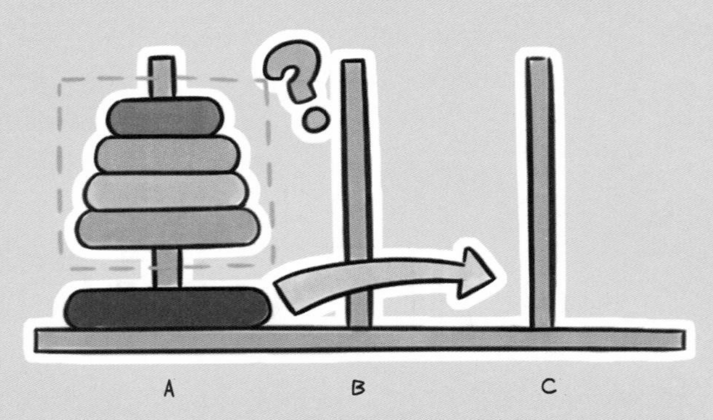

需要先把现在A杆子上面n以上的n-1个盘子都移开，给n让开空间。这摞一共n-1个盘子能移到哪里去呢？

肯定不能移到C，因为需要保证这一步之前C是空的，A只有一个最大的n盘子，所以现在的目的变成了：把A上的n-1个盘子（利用C）移到B上。

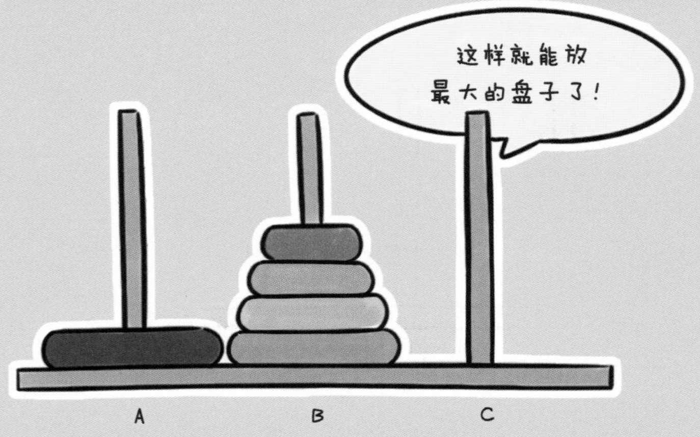

因此在做第一步之前，需要做的是预备第一步：Hanoi(A,C,B,n-1)。预备步骤完成后，就可以顺利做好第一步。（在使用这个函数时，一定要将终点杆的名称放在第三位。）

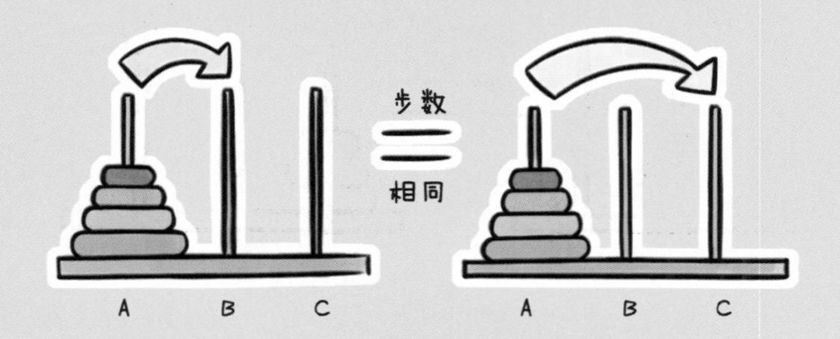

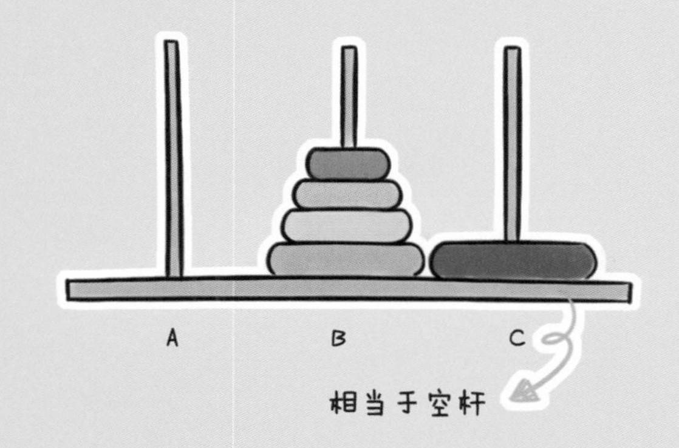

也就是说，通过Hanoi(A,C,B,n-1)（预备第一步）+1（正式第一步）你得到了新状态：

A：空

B：n-1，n-2，n-3,……，3，2，1

C：n

这一步之后，可以把C杆视为空杆！因为只要最大的圆盘n在最下面，就可以再也不动它了，这个性质就是这样设计正式第一步的原因。

现在，需要解决的问题变成了：Hanoi(B,A,C,n-1)。看！我们已经把这个问题从n缩小到了n-1，即使完全不知道Hanoi这个函数是如何工作的。

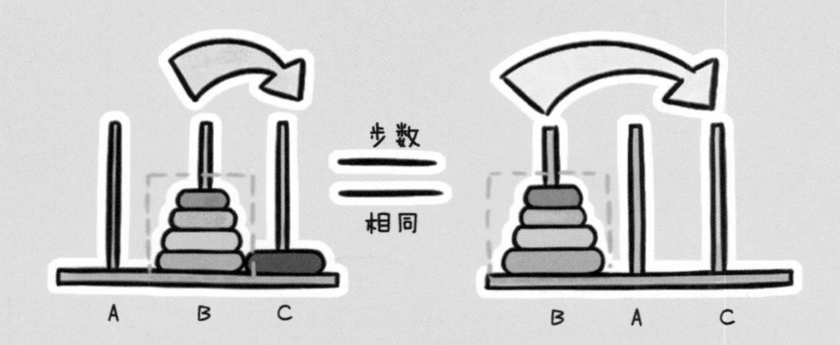

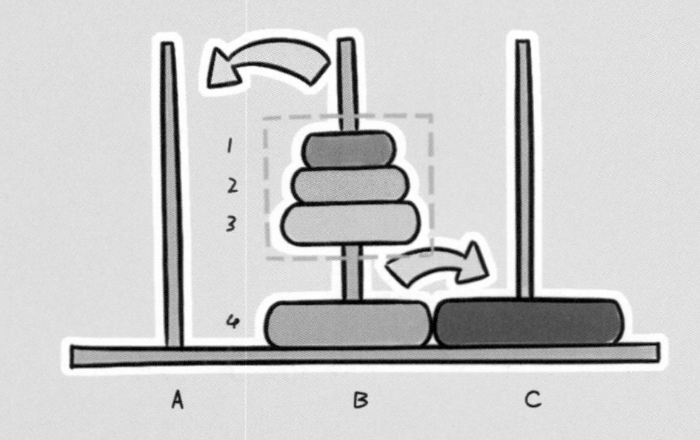

和上面的类似，正式第二步：让第二大的盘子n-1移到C的最底端。想要把盘子n-1留在B的最低端，就要把它上面的一摞n-2个盘子从B移走，并且只能把它移到A上。

预备第二步：Hanoi(B,C,A,n-2)。预备步骤做完后，就可以顺利做好第二步。

通过[Hanoi(B,C,A,n-2)（预备第二步）+1（正式第二步）]，你得到了新状态：

A：n-2，n-3，……，3，2，1

B：空

C：n，n-1

也就是变成了Hanoi(A,B,C,n-2)。看！这和第一步的结构完全一样，这时只需要解决n-2个盘子的问题即可。

利用前面的过程，我们可以把Hanoi(A,B,C,n)和Hanoi(A,B,C,n-2)联系起来：

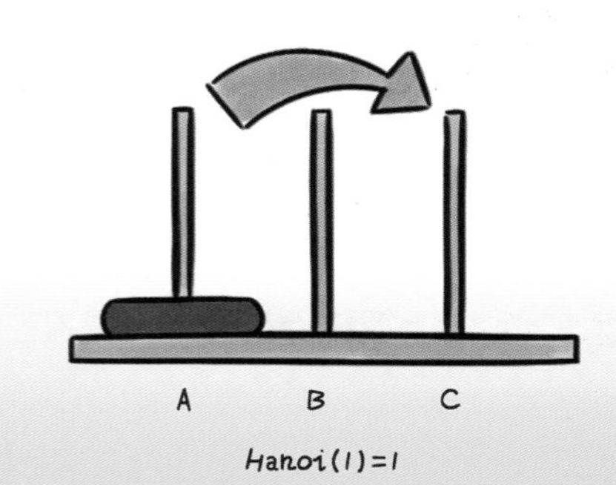

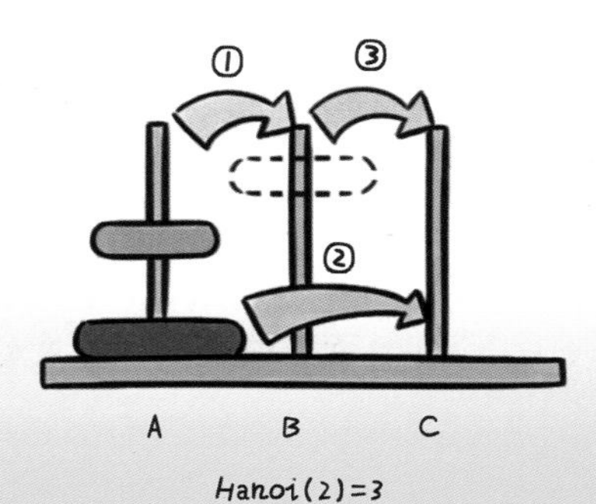

Hanoi(A,B,C,n) = Hanoi(A,C,B,n-1) +1+ Hanoi(B,C,A,n-2)+1+ Hanoi(A,B,C,n-2)

可以算出

Hanoi(3)=7

Hanoi(4)=15

……

进一步，就得到了通用的公式：

Hanoi(n)=2^n-1. 

递归算法可以做到在完全没有理论或者正面解决思路的情况下，还能得到答案。这个例子是对“我们为什么使用计算机解决问题的”很好例证。

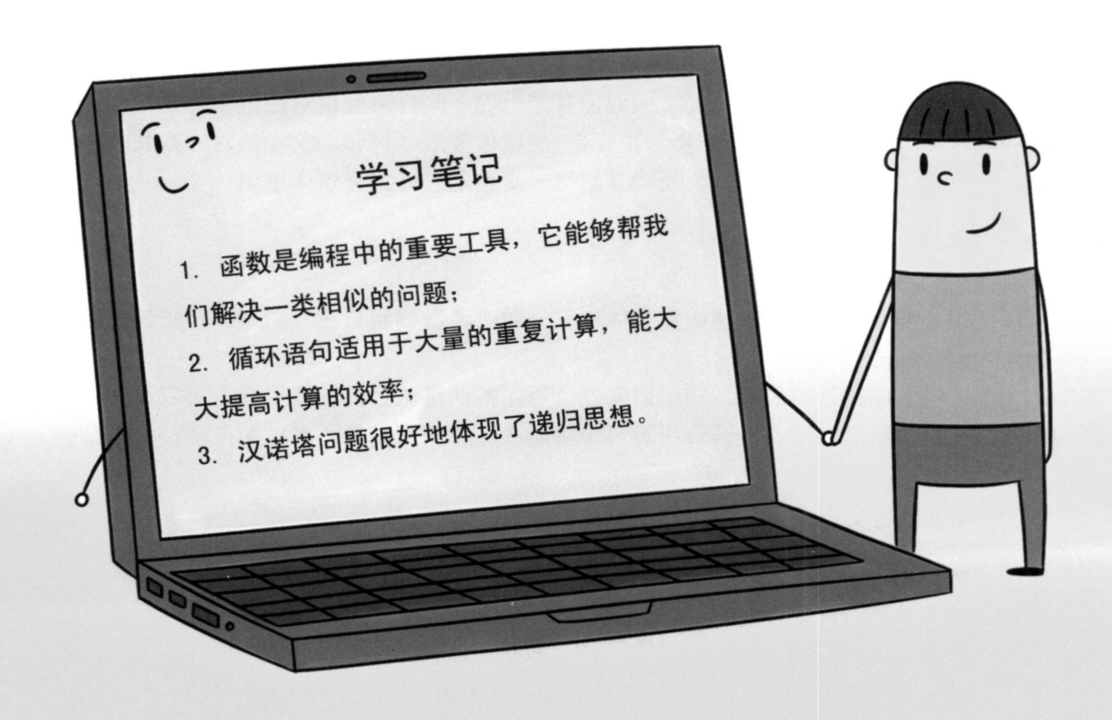

伪代码

“伪代码”是一种非正式的编程语言，介于自然语言和正式的编程语言（代码）之间，也就是用编程语言的形式来描述代码的功能。伪代码能够给程序员提供足够的信息，让程序员能够用不同的编程语言（比如Java、C++等）来实现。本书为了强调编程思路的通用性，不苛求针对某种特定语言的语法严格准确，以后你在具体学习某一种语言的时候要善于理解变通哦。

函数的结果

有一些函数可以输出一个结果或者多个结果，而有一些函数则不会输出结果，或者称为“返回空结果”。空结果可以理解为函数做了一个动作但没有任何反馈，有返回值的函数则可以理解为加工出了一个“产品”。

编程语言中自带的函数

在常用的编程语言中，四则运算（加减乘除）、求数组里的最大值max()、求平均数mean()等一般都是程序包自带的函数。实际上，不同的语言或者不同的编译器中的自带函数都会有所不同，甚至不同的语言之间常用的函数（比如求平均数的函数）的表达都不一样。

两种循环

常见的循环有两种格式，一种叫“for循环”，一种叫“while循环”。具体的书写方式和所使用的编程语言有关，这里就不展开介绍了，但是这两种不同的思路比较值得介绍一下。

for循环的逻辑是，你已径知道需要循环多少次，于是创造了一个计数器，帮助你记住这个循环已经重复多少次了；而while循环的逻辑是，你还不知道要循环多少次，但是你知道只要满足某一个条件，就可以停止这个循环了，比如你要计算斐波那契数列前n项的和，只要结果超过10000就可以停下来了。

无论使用哪种循环，都会有一个“停止条件”。对应两种循环方式，停止条件也有两种，一种是“为了避免无止境地循环下去，让计算机循环到第几次的时候就停止”，另一种是“结果精确到一定程度就可以了”。

为什么要将记录次数的s初始值设为0？

要注意的是，在概括这种模式的时候，要关注开始的第一步和结束前的最后一步能不能被概括在这个重复过程中。如果第一步是1+3，那么最开始就需要将s设置为1，但当想把这个函数应用在另一串数字的加法计算时，还要更改s的初始值，程序的使用将变得繁琐。

另外，如果6个数相加，s的初始值为0，i的取值就是1到6，刚好直观地对应数字的个数；但如果s的初始值为第一个数的值，那么加和的步骤只有5步，也就是i的取值变成了1到5，这样的对应方式就相对没有那么直观了。所以第一步将s存为0是一个小技巧，使得开始第一步也能被概括进这个模型。

递归与循环

递归和循环有很多相似之处。但是递归更具体地是一种“函数调用自己”的形式，依赖“函数”这一个主体，而循环的结构则更加自由一些。

递归基本都可以改写成循环的形式；在可以建立合理函数的基础上，一些循环也可以改写成递归。但是具体使用哪种形式，还是要看问题本身更适合用哪种思路解决。我们应该灵活地使用方法，而不是被方法限制。

为什么要逆向思考？

你可能会问，明明正向的逐步计算也能得到结果，为什么非要进行逆向思考呢？这是因为，对于斐波那契数列问题而言，正向的计算每一步都是准确、已知的，过程也非常好理解。在这里，递归思想为解决斐波那契数列的问题提供了一个新的思路。但是对于“汉诺塔”问题，情况可就不太一样了。

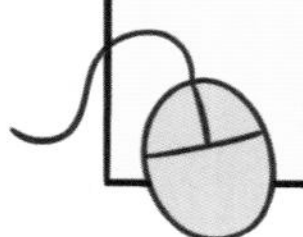

世界真的会灭亡吗？

按照这个传说，一共64个金盘，假如每秒钟能进行一次移动，一共需多长时间呢？

把64个盘子一共需要18446744073709551615次操作，也就是18446744073709551615秒。忽略闰年，一年365天共31536000 秒，相除后得到的答案竟然是5845.54亿年以上！而根据科学家的计算，地球存在至今不过45亿年，太阳系的预期寿命也仅有数百亿年。真的过了5845.54亿年，不用说太阳系和银河系，至少地球上的一切生命都已经消亡殆尽了。

小结：“递归思想”

聪明的你可能已经意识到了，Hanoi函数与杆的顺序其实没有任何关系，你只需要知道一个是终点、一个是起点、一个是协助，不管将其中哪一个杆作为起点，将n个盘子移到任何一个（不同于起点的）终点杆，所需要的步数是一样的，因为杆的名字没有任何影响，只是用来区别彼此。

递归的本质在于不断把计算的规模减小，而不是精确地展开每一步的计算步骤。这个是递归相对循环的方便之处。人们用自己掌握的算法知识，将大问题化成同样形式、但是规模更小的小问题，最后利用计算机的计算能力，将最简单的初始情况反推出任何规模的问题答案——这就是递归思想。

用计算机解决实际问题

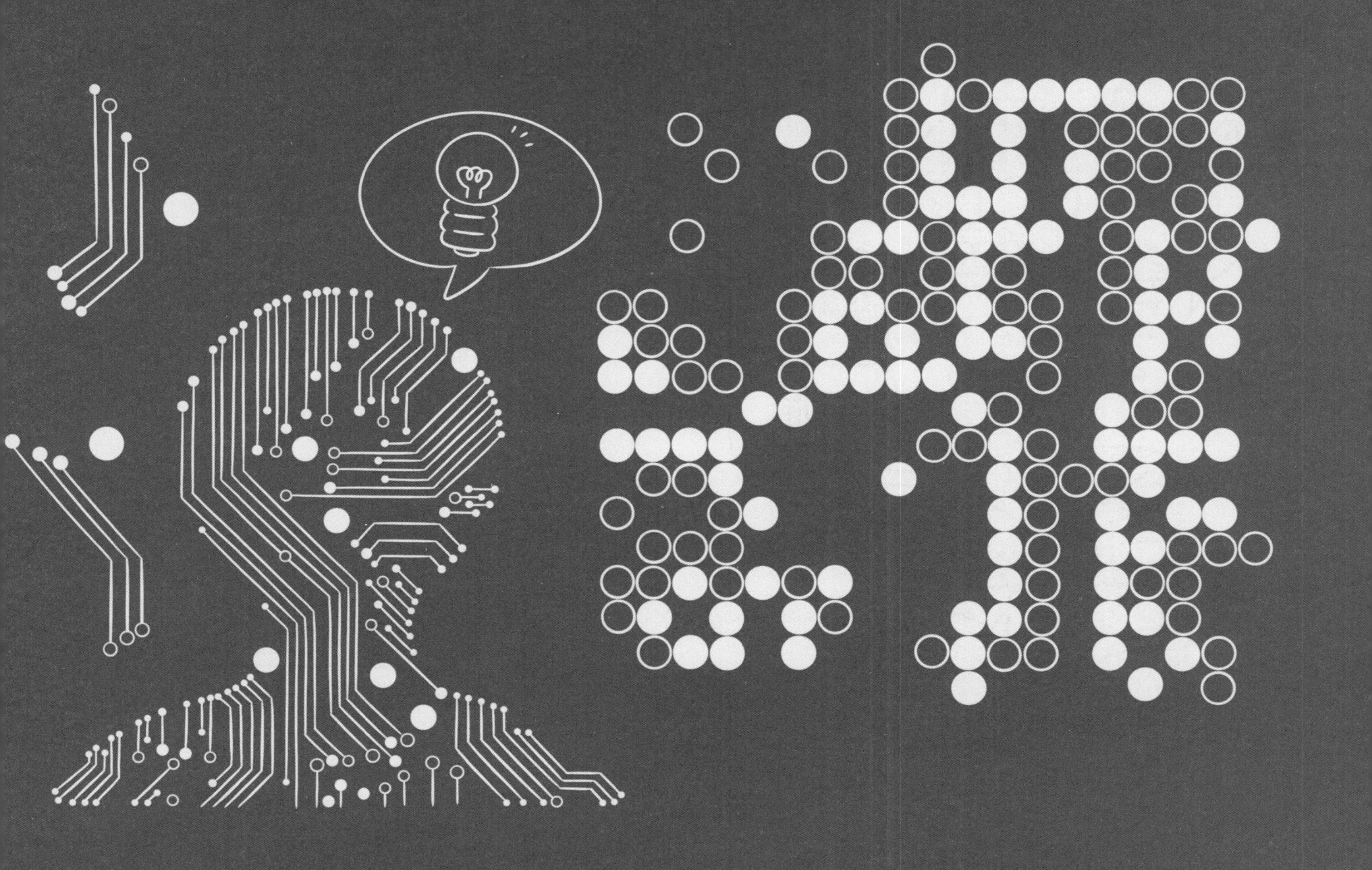

2017年5月，谷歌开发的围棋程序AlphaGo战胜了当时围棋世界排名第一的柯洁，标志着人工智能围棋已经达到了全面超越人类棋手的水平。AlphaGo使用了大量的棋谱数据和人类经验；而升级版的AlphaGo Zero只靠记住清晰直白的围棋规则，不断自我进行“左右互搏”，不但性能大大提高，还使得机器自己发掘了这个传统博弈的新规则。以AlphaGo和AlphaGo Zero为代表的“深度学习”机制或许暂时难以解释其本质，但是它给出了人类直接、单向的思维之外的可行性，再辅佐以它的计算速度和缓存加持，它的胜利暗示着人工智能算法弯道超车，相对人类智慧有着不容小觑的突破。

人类究竟是如何用计算机思维来解决实际问题的？快翻开下一页来寻找答案吧！

选哪个才最好？——最优化问题

生活中经常出现各种各样的选择：买哪个才能最便宜？怎么做才能犯最少的错？怎么才能最快得出结果？

如果只有几种选项，大可一个一个列出来进行比较，得到最好的结果。但是在选项不计其数的时候，怎么才能最快地找出方案呢？

首先可以清楚地用数学语言将问题讲明白。

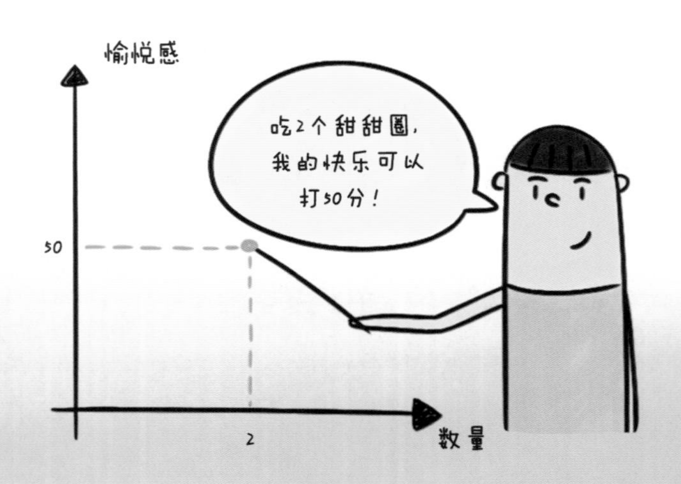

比如小知喜欢吃甜甜圈，经常一吃就停不下来。考虑到一些现实因素，他希望能一次性购买一定数量的甜甜圈，让自己的开心程度最高。这个问题可以用“坐标系”来分析。

暂且假设小知可以通过吃更多的甜甜圈来获得更多的快乐，那么这个问题再简单不过了——只要买下全世界所有的甜甜圈，他的快乐就能得到满足。

但是小知自己暂时还没有收入，必须向父母要钱来买甜甜圈，这就会给小知带来一定的困扰。

再加上吃太多甜甜圈可能会让小知长蛀牙、引发消化不良，甚至让他小小年纪就患上糖尿病，这些情况都可能会增加小知的心理负担，反而降低他开心的程度。

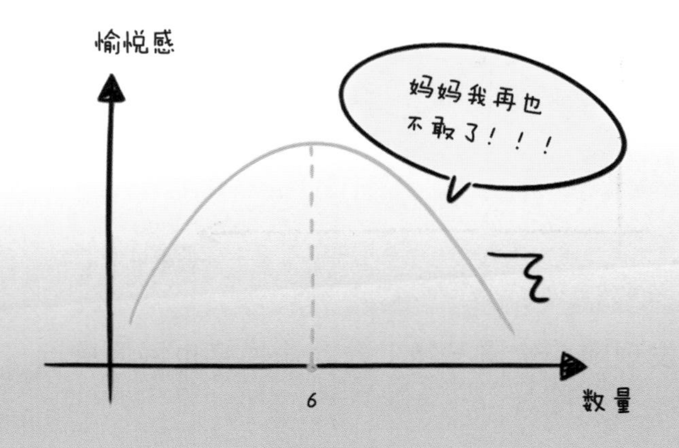

所以吃了超过一定数量的甜甜圈后，他的快乐程度不一定会继续增长，反而会降低。

而如果此时小知最常光顾的烘焙店推出了“充值100元送10个甜甜圈”的优惠活动，办会员卡还能享受7折优惠，他的愉悦感-数量曲线就会变成下面这样。

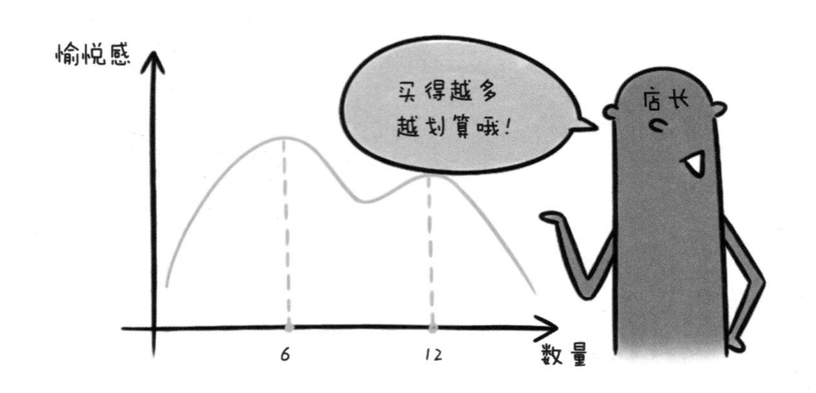

在一定的数量区间内，出现了“买得越多越实惠”的情况，小知不仅可以花更少的钱达到更高的开心程度，其中还混杂了“看似省钱的快感”，愉悦感再次小幅上升。

那么他怎么才能获得最佳方案呢？上面的曲线上到底哪个点才是最大值？一个可行思路是：像爬山一样，从这条曲线的一个起点开始慢慢上升。

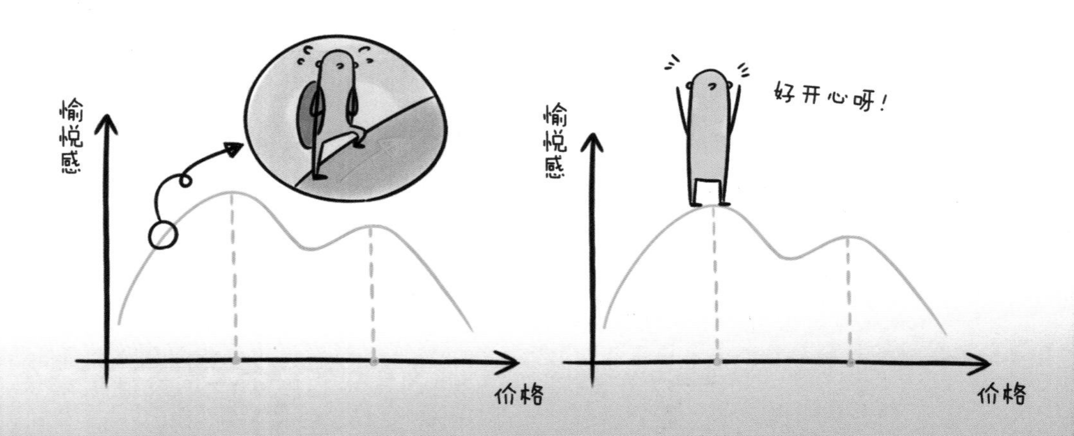

如果从0点开始，一点点向右搜索，你就会发现随着价格不断上升，愉悦感也慢慢接近一定范围内的“峰值”。

如果从最右边的点开始一点点向左搜索，同样会到达一个“峰值”，但你现在并不知道这个点是不是所有情况中最大的。

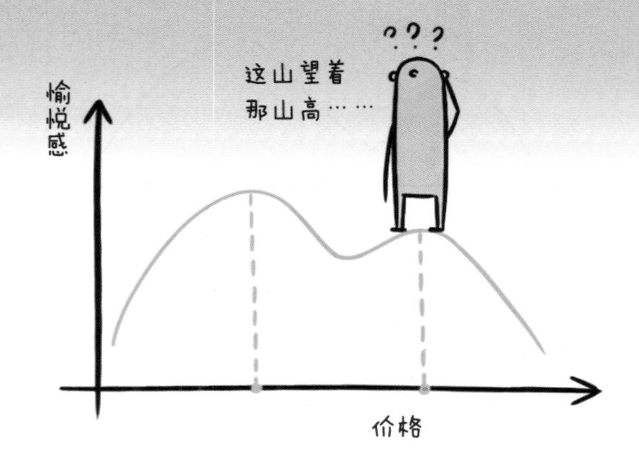

目前，我们大概只能得出“如果向左继续搜索，买更少的甜甜圈会让小知快乐程度降低”的结论。在这种情况下，你还需要向左继续搜索看看吗？

实际生活中还有更多更复杂的问题需要考虑，比如快乐程度可能不只是由吃甜甜圈一件事决定，还有考试成绩、收到心仪学校的录取通知书等。

这些因素之间也可能会互相影响，使得坐标系成为三维甚至更高维的图像。

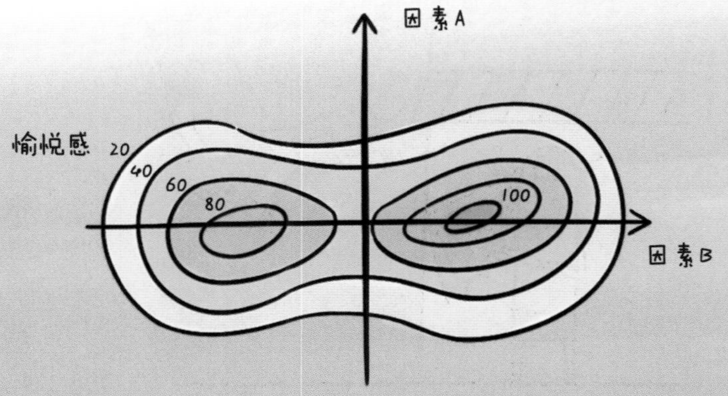

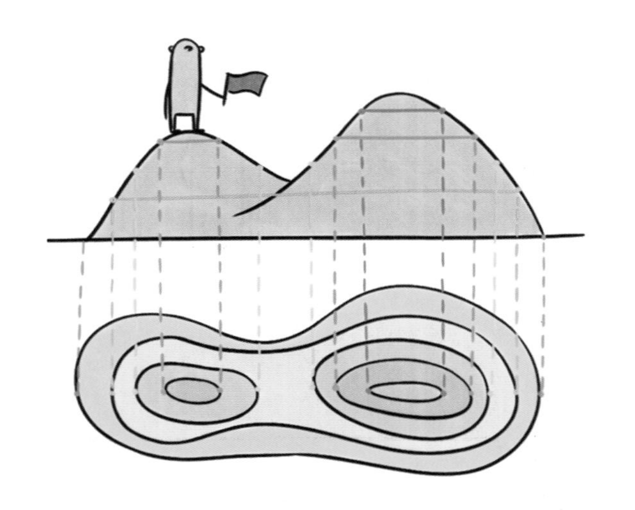

这张图就像地理中的等高线图一样，每个线圈其实都是由高度相同的点连成的。

最优化问题在计算机中可以用梯度下降法等各种优化算法来解决。

预言家的自我修养
——回归问题

不知道你有没有发现：父母身高比较高的家庭中，孩子很可能也比较高；

繁华地段的房子，会卖得相对更贵。

历史地理成绩好的同学，很有可能语文成绩也好。

如果天空乌云密布，就很可能会下雨……

很多不同的信息之间会存在着潜在的关系。在“越…越…”关系中，是否隐藏着某种内部规律呢？

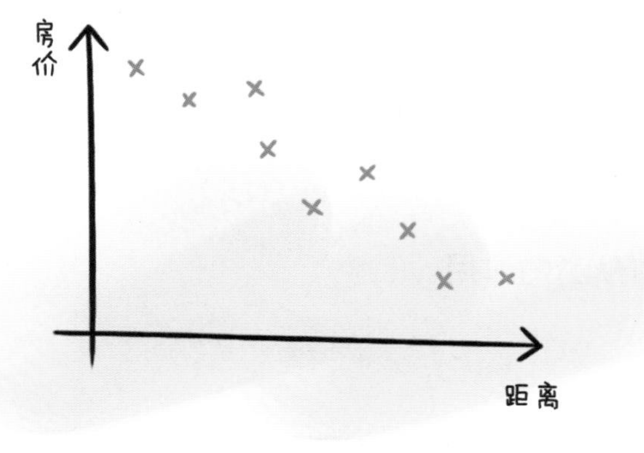

比如房产商收集了很多房子“距离市中心距离”以及对应的“单位面积价格”的信息。

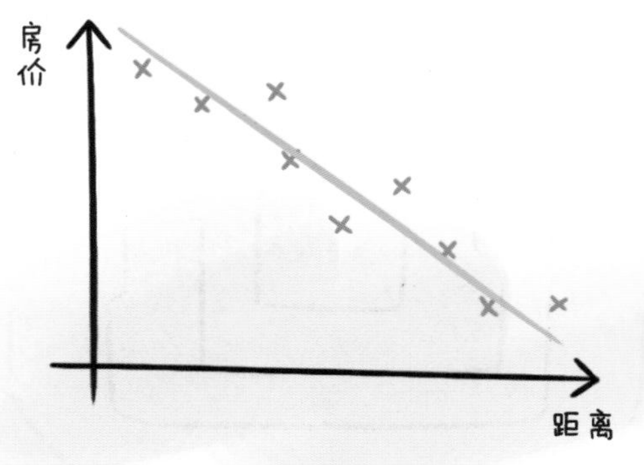

在这些随机分布的点中，似乎有一条潜在的直线，而所有的点仿佛都“吸附”在这条线的周围。

假设确实存在这样一条“隐藏的真理直线”，它应该满足什么要求呢？

既然要求所有点都“吸附”在这条直线周围，那么一定是这条直线距离所有点都要最近。其实，找到这条直线的过程也是“最优化问题”的一个实例！

根据这一条限制，人们可以用计算机进行“拟合”，得到一条直线。

这样一来，即使你想要知道的房价信息还没有人去亲自调查，这条直线也能根据计算出的规律，给出一个合理的预测。

“回归”是做数据分析时常用的一种方法。它可以将收集到的数据整理出规律（从杂乱的点变成清晰的直线），还可以起到预测的作用。

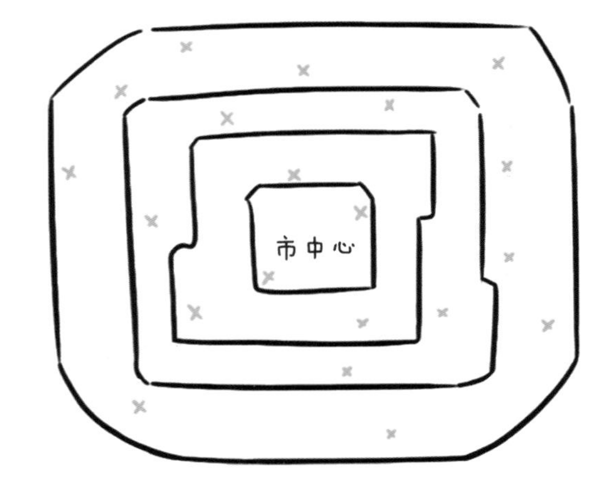

将数据整理成直线的过程叫做“线性回归”， 这个例子里面只有一个影响因素（自变量），就是房子离市中心的距离。

而在现实生活中有很多因素都会影响房价，比如周边设施、是否是学区房、是否是新房等。根据这些信息，人们可以把数据整理成比直线更复杂的函数，对房价的预测也就更加准确。

在房价问题里，需要预测的是一个数字。如果想要预测类似于“是”或“不是”这种分类性的结论，也可以用下面这种方法。

原本使用的是一条直线来表示“隐藏的真理”，现在要用一条有点复杂的“逻辑斯蒂曲线”来表示了。

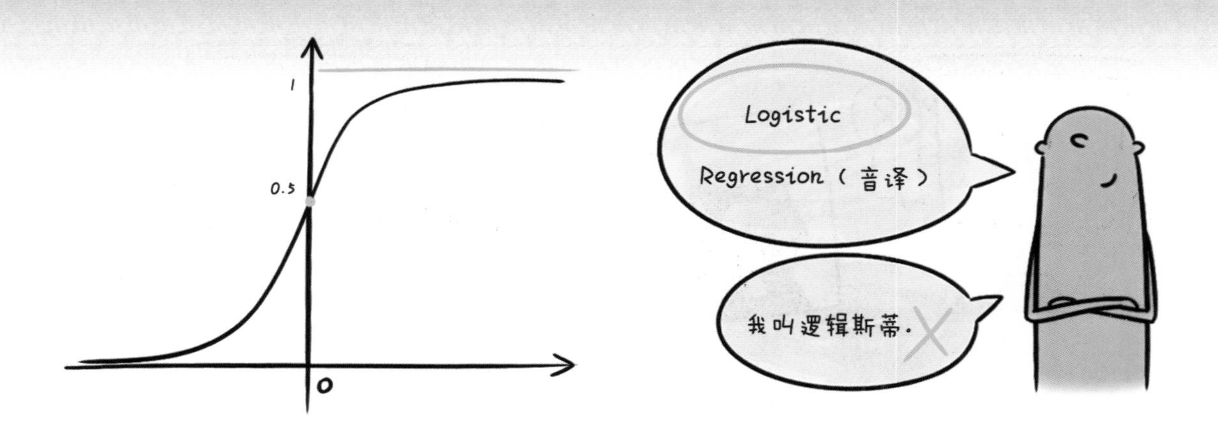

在这样的问题中，人们把比较靠近1的定为“是”，比较靠近0的则定为“不是”。这种二分类的回归叫做逻辑回归。

比如你有一张小猫或者小狗的图片，想要用“智能识图”来分辨它是猫还是狗。

你可以把这个算法形象地理解为，让计算机观察这个图片并给出描述：它嘴长不长？耳朵长不长？或者是更多其他的特征。

通过它嘴的特点和耳朵的特点，计算机可以给它“像猫”的程度打分，分数越高计算机就越倾向于判断它是猫，分数越低则越倾向于它不是。

计算机还可以将这种“倾向性”具体化：大于多少分，计算机就判断其为猫。这就是一个“分类”的例子，当然现实的算法会更抽象、更精准。

那么在拟合曲线之前，这些数据又是如何收集的呢？什么样的数据才有助于我们得到更加接近真实情况的规则曲线呢？

大数据中的智慧——样本与变量

在生活中，你经常会遇到各种各样的信息调查。调查者收集了大家的信息之后，会这样进行统计。

	身高	体重	鞋码
慧慧			
小知			
糖糖			
程叔叔			
妈妈			
小米姐姐			

被调查的人称为“样本”，而身高、体重、鞋码则称为变量（特征）。

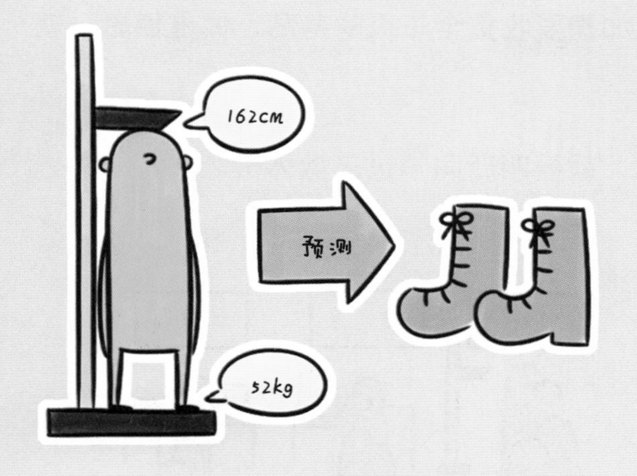

如果你研究的课题是用身高体重来预测鞋码，那么身高、体重这两个因素就是两个“自变量”，鞋码就是一个“因变量”。

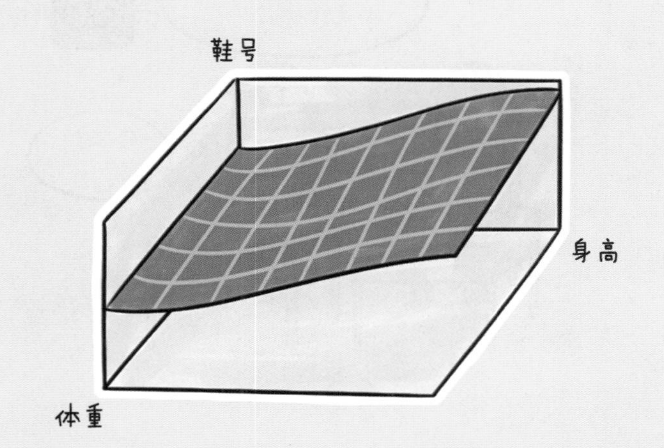

在拟合曲线的时候，其实就是在试图用自变量解释因变量。有的自变量和因变量的变化规律很明显，就称作自变量的“解释性很好”。

一般来说，自变量越多（比如除了身高体重以外，还有三围、去不去健身房、是否打篮球等信息），对因变量的解释性越好，但也不全是这样。

样本越多，拟合出的规律曲线越接近真实情况，所以只要情况允许，人们都希望样本越多越好。

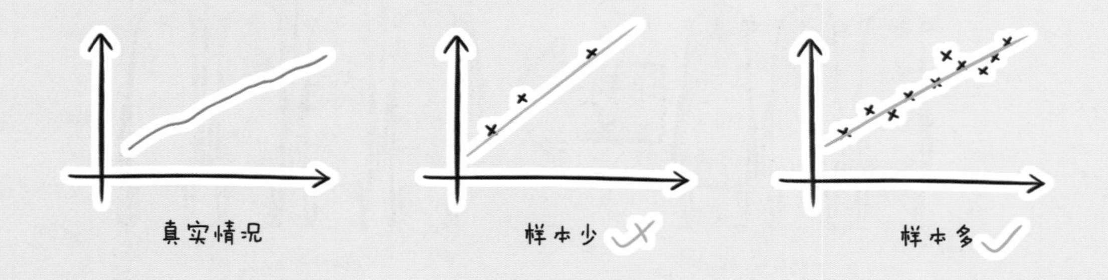

但是在实际操作中，样本的收集并不容易，比如想要收集全年级的身高、体重信息，就要组织一次全年级的体检，耗时耗力。

数据收集的增改也很复杂。如果想要增加样本，就要叫新同学过来做体检。

变量的增加更是难上加难。比如在后续的问题处理过程中，校方发现除了身高和体重外，还需要三围信息才能更好地拟合，就要再重新做一次全年级体检。

所以在实际的处理过程中，都是用相对较少的数据加上各种各样的数学方法，让有限的样本能更好地代表全体，找到更接近真实情况的规律。

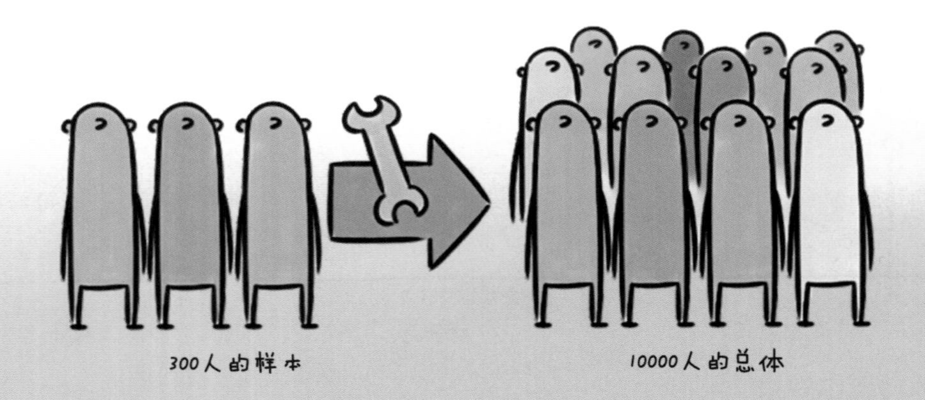

这就要求人们在选择样本的时候，尽量要照顾到各种各样的情况，否则数据就会缺乏代表性。

所谓的“大数据算法”就像一个工厂，想要用这个工厂的复杂流水线生产出产品，绝不能离开数据（样本）这个原材料。

自古以来，人们就试图用观察到的事实来总结经验，比如“满月的时候会有好运”之类的感性认识。

但是现实中，由于例子的数量有限，这种总结的方法很不稳定，结论容易与实际有偏差。

20世纪90年代后计算机开始普及，人们的信息足迹，如下载、浏览、点击等行为，甚至职业、身份、爱好等信息都更多地以数据的形式在互联网中留存。

此后，大数据方法就像吃饱了原材料的工厂，开始飞快地产出各种成果，为各个领域的人类活动提供更智能更科学的思路和方法。

比如在刚开始使用购物网站的时候，首页给你推荐的商品五花八门，却没有重点，因为你没有给网站提供你喜欢的商品的信息。

当你使用过一段时间之后，你的信息留在了网站里，它就可以通过算法给你推荐和你喜好相匹配的商品。

这就是统计学和数据科学的本质目标——用有限的已知信息更准确、更稳定地给出真实、全面的信息推断。

真金不怕火炼——规律的验证与推荐算法

怎么才能知道预测的规律是否接近真理呢？你仍然需要收集实际的数据来评价。每个数据都很珍贵，怎样才能合理利用呢？

如果你收集到了全年级100个同学的数据，用这100个数据进行回归，再用这同样的100个数据验证和评价得到的结果，会发生什么呢？

你会发现回归的结果非常接近真理！但是这似乎一点用都没有。这就好比老师用同学们的作业题原题出成试卷，全班的成绩确实很好，但是学生真的学会了解题方法吗？

那怎么办呢？老师应该保证考试的考题和课堂上讲过的练习题或是课后作业没有重复，这样我们的评价就不会因为“漏题”而虚高了。

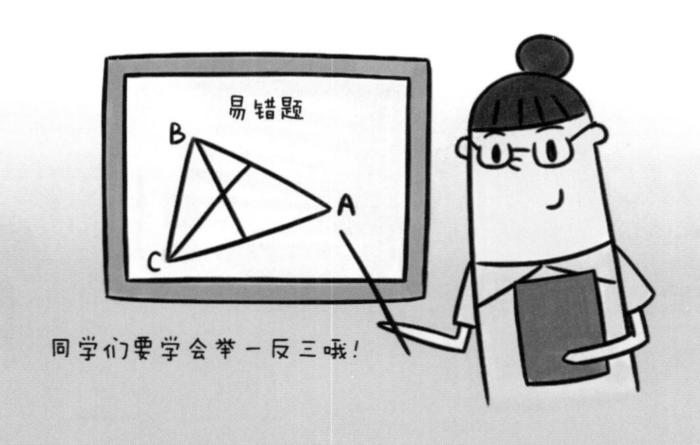

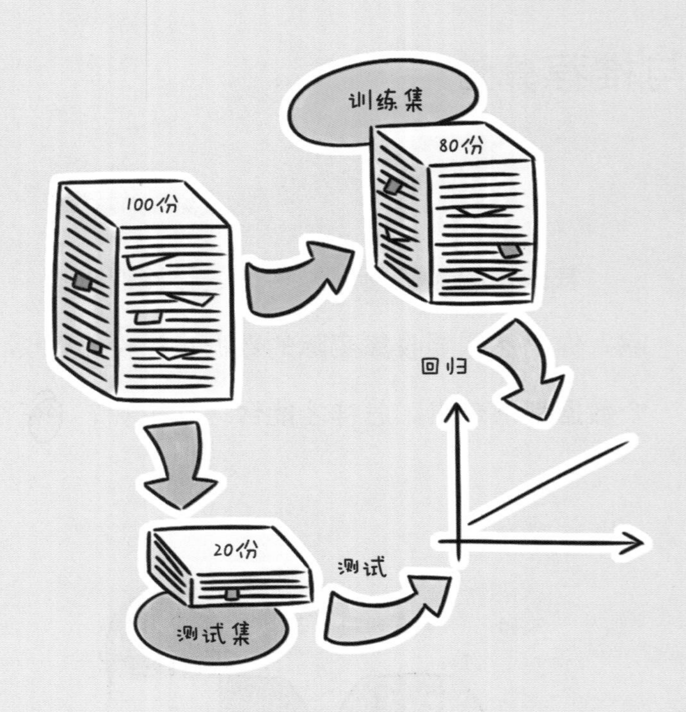

因此，一个比较直观的方法就是在获得100个同学的数据之后，随机地将一小部分数据拿出来当做“考试题”（用来测试回归得好不好）；剩下的做回归用的样本。

实际上除了“回归”以外，在数据科学领域有很多其他方法来获取“隐藏的真理”，它们大多比回归复杂得多。

过拟合与欠拟合

对于有限的样本和变量，人们总是想要收集更多的信息，但是有时候信息太多也未必就是好事。

比如在考前复习时，小知掉以轻心，觉得只需要掌握一个公式就可以做出题目，那么在考试的时候只要题目有一点变化，他就可能做不对。

相反，慧慧认为这门课非常难，把课后题做了五遍，甚至将题目表述和题号都背下来了，这样就一定会获得好成绩吗？

不一定。这时，她的脑子里有很多无用的信息可能会干扰她的判断。如果老师在出题时把选项调换了顺序，而慧慧依然习惯性地选择了原来的答案，反而得不到分。

所以这需要一个平衡：既不能把事物的规律想得过于简单，也不能认为它过于复杂。前者就称之为“欠拟合”，也就是没有普遍地认识到事物的总体样貌，需要更多地收集信息的情况。

后者则称之为“过拟合”，也就是见到的事物和信息过于复杂，使得人们把一些无关的信息（比如题号、原题数据等）也考虑进去，进而影响规律的准确性。

你常用的听歌软件，可以通过处理你的听歌记录来为你推荐新的歌曲。

假如你是在军训时开始使用，第一天反复听了20遍《强军战歌》，主页可能就会开始给你推荐各种各样的军营歌曲，因为这时软件只能凭着一首歌来猜测你的喜好。

数据不足、判断并不准确，这就是一个“欠拟合”的情况。

对于一个正常拟合的软件，在你使用了很长一段时间后，软件记录处理了你常听的歌曲风格、你评论过的歌曲类型、每一首歌听的时间长短等，就可以合理地给你推荐歌曲了。

而“过拟合”又会是什么样的场景呢？如果软件不仅在推荐歌的时候考虑你的听歌行为，还考虑你的性别，甚至身高、体重等无关信息，可能就会因为“刻板印象”而做出不合理的预测。

比如软件“强行”总结出00后体重较轻的女生喜欢听韩国男团的歌曲，而糖糖是因为想听钢琴曲和交响乐才使用这个软件，没准就会因为不恰当的推荐而对软件产生反感。

在这类软件中常用到的推荐算法是以数据和样本为“原材料”来工作的，在人工智能领域有着非常广泛的应用。

数学模型的不同类型

“离散”和“连续”是两种建立数学模型的模式。所谓的“离散”指的是函数中自变量的取值是不连续的，比如当你统计抛20次硬币有多少次是正面朝上时，抛硬币的“次数”只能是正整数，而不能是分数、无理数；而“连续”则是指取值是不间断的，比如要记录一个自由落体的小球在每一瞬间离地的距离，这个“时间”既可以是整数，也可以是分数或无理数。

而将真实情况“塞进”数学模型的表述，难免会为了方便计算和理解，而对事实做出整理和简化，所以单纯的离散和连续不能一以蔽之地概括全部的问题。离散和连续的模型都有其特性和解决方法，人们在解决问题的时候会根据自己的需要进行设计。

边际效应

经济学常用“边际效应”这个词来描述这种现象：当我们为了达到某个目的而连续地增加某一种投入时，新增加的收益反而会逐渐减少。比如，你现在非常想吃肉包子，如果用满分100分来衡量开心的程度，当吃第一个的时候开心程度可以达到60，吃第二个的时候增加到90，吃第三个的时候达到了100；而如果再继续吃，你不但不会觉得更开心，反而还会因为吃的太撑而感到不舒服，因而开心程度的分值反而逐渐下降。

网络销售策略

你在购物时，要时刻对网络上的销售策略保持警惕。“购物狂欢节”“满减”等活动，很多时候都是利用了消费者冲动购物的心理。尽管你看似省下了很多钱，但也有可能在这种气氛下买了很多自己并不需要的物品。因此，在消费时一定要理性哦！

极大值与最大值

在数学概念里，对于正文中提到的这种并非简单地一直变大或一直变小的函数来说，人们会考虑“极大值”的概念。也就是说，尽管黄色小人处在的位置并不是整个函数的最大值，但在一定的范围内这个值都比两侧的值都要大，因此会出现两侧都是“下坡路”的情况。

有一些函数的极大值就是最大值，在这些函数中如果当你发现左右都是“下坡路”的时候，说明你已经找到最大值了。这些函数有一个名字叫做凸函数。它在数学上有严格的定义和一些判定方法，形式较为复杂，但在图上也可以大致判断出来。

梯度下降法

“梯度下降（或上升）法”就是以前面介绍的思路为基础的一个具体方法。我们确定一个最快上升和最快下降的方法，然后向比现在更高或者更低的方向迈一小步，再重复这个“判断-迈步”的步骤，就可以找到一个“极大-极小”点。这个迈步的长度是一个计算机自行调节的值，称作“参数”。不同的参数值对这个方法的性能有不同的影响，所以调节参数这件事是很多算法相关的工作者做项目的重要环节。

相关性与因果性

“越…越…”的关系呈现的是事物之间的“相关性”。但是要注意，“相关性”并不能推知因果关系。比如，市场分析人员分析出某奢侈品价格越高买的人越多，只能说明价格和购买人数相关，但很难仅仅通过此项数据说清到底是因为价格高导致更多的人盲目跟风，还是因为买的人增多商家故意提价。这就是一个相关性不能推知因果性的例子。

“回归”可以给出相关性关系，但是严格的因果关系只能再专门做“因果性检验”，或者就该现象本身进行专业领域的分析，例如医学或者气象等等。

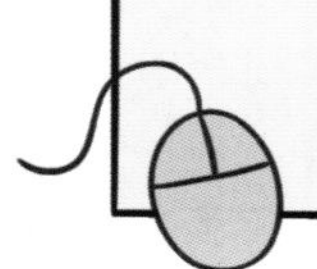

找到直线的方法

数据往往受到复杂的现实因素干扰，而“回归”则试图概括出一些简单的结论。为了使得结论更加普适，结论（预测值）会比真实数据更“中性”，也就是较为极端的数据会被“回归”到更普遍的平均值。而将这些复杂数据概括为简单结论的原则，就是尽可能让“复杂数据到简单结论的距离”最小。根据不同的具体问题，实现“距离最小”的办法有各种具体的数学表述，其中最简单常用的办法就是“分散的数据点到回归直线的距离最小”。

逻辑斯蒂曲线在其他领域的应用

除了统计学以外，逻辑斯蒂曲线在其他领域中也展现出重要的作用。

在生物学中，这条曲线能够用来表示一个生物种群中生物数量的变化规律，比如在草原上生活的兔子，在个体数量比较少的时候增长速度比较缓慢，之后逐渐变快；而当数量超过这个环境能容纳的最大数量的一半时，由于受到自然资源（土地面积、食物的数量等）的限制，兔子之间的竞争开始变得激烈，增长的速度也逐渐降低，直到达到一个平衡。

除此之外，一个地区的城市化进程、某个范围内的人口增长规律等也都符合这条曲线显示的规律。

生活中的样本收集

在实际生活中，有很多场景都需要进行样本的收集，比如用户使用某个产品的感受、人们在乘坐交通工具时遇到的问题、看了某部电影之后的评价以及对影院的建议等。

在程序员开发用户界面的时候，除了设计好用户能看到的界面和功能之外，还有一个词叫做“埋点”，用来收集这个应用的使用情况，包括但不限于点击率、页面停留时间、浏览量等比较细节的使用数据。这些“点”基于对数据的需求来“埋”，会对之后的数据分析步骤有积少成多的指引和帮助。

脚的大小

人们足部的长度通常和身高存在一定的比例，普遍规律反映身高约为脚长的7倍，所以公安在侦破案件时可以通过脚印的长度来大致推测嫌疑人的身高。当然这个规律不是绝对的，脚的大小也会受到营养摄入、生活习惯、工作性质等外部因素的影响。

Bootstrap重抽样

Bootstrap重抽样的方法是统计学中用样本来代表总体的一个重要方法，在数据量很小的时候非常有用。

Bootstrap提供的思路是：我们在手里仅有的50个“有放回”地抽取50次样本，构成一组新的样本，这样重复多次，就可以获得多组随机的样本了。所谓的“有放回”就如同这样一个场景：有一个袋子里有50个球，我们每拿一个，记录了它的信息之后，就放回这个袋子，这样进行50次就构成了一组新的样本，而在这一组样本中，有可能3号球出现了3次，4号球出现了2次，而7号、12号、28号没有一次被抽到，而这个结果完全是随机的；再抽第二个50次时，情况又会有所不同，这样得到的几组“新”数据就是不一样的了。

大数据的特征

大数据有以下4个基本特征：一是数据量巨大。某网站提供的资料表明，其首页导航每天需要提供的数据超过1.5PB（1PB=1024TB）。你可能对此没有概念，打个比方说，如果把这些数据全都打印在A4纸上，总页数会超过5千亿！相比之下，到目前为止，人类生产的所有印刷材料的数据量也仅有200PB，也就是这个导航133天左右提供的数据就会超过所有印刷品的总和。二是数据类型多样。我们常见的数据类型除了文本，还有图片、视频、音频、地理位置信息等多种类型。三是处理速度快。数据处理遵循“1秒定律”，也就是一般要求在几秒之内给出数据分析的结果，如果时间过长数据就会失去价值。四是价值密度低。以视频为例，在一个小时左右的视频中，如果不间断地进行监控，可能有用的数据加起来也只有一两秒左右。

高成本的数据

为什么收集数据的成本很高呢？实际上，我们生活中存在着大量的信息，但其中有用的“数据”只占很小的比例。比如上街发放调查问卷时，得到的答案可能并不准确（会受到填写场景等因素的影响），最后真正能筛选出来的有效样本非常少，或者说收集有效样本的难度可能远比你想象的大很多。

在收集数据中遇到的数据不完整、数据不准确等导致的数据缺失，可以通过各种数据插补的方法来弥补。这些问题都可以直接从表格中缺失的空值发现。

但更棘手的问题是，人们还可能会遇到收集的样本有偏差的情况。比如在地铁口发问卷问到的人大多数是乘坐地铁、而不是开私家车的人，所以会增加不可控的影响因素。因此Google Survey就开发了有付费的拉取问卷回答者的服务，人们可以通过付费来获得通过精心设计的、分布全面合理的回答者群体，来让结论更加中立。

交叉验证集

人们通常会将收集到的数据分成三个部分，60%的训练集、20%的交叉验证集和20%的测试集。

交叉验证是一种为了避免“自己评价自己”的带有偏见的验证方法。刨除具体的统计学词汇，简而又简的说法就是，交叉验证就是让除去自己之外的人来评价自己。比如班里有40个同学，5个同学为一个小组，有8个小组，每个组合作做一个泥塑作品，最后一节课给其他小组的同学打分，因而每个小组都能得到其他7个组给出的评价。在统计学习中，人们经常用这种方法来调整选择合适的参数。

方差与偏差

方差和偏差是在统计学中非常重要的两个量。方差表示了数据的波动程度（或者说数据是否集中），而偏差表示了根据模型计算出的结果和真实数据之间的差别，经常可以用“打靶”来形象地表示。

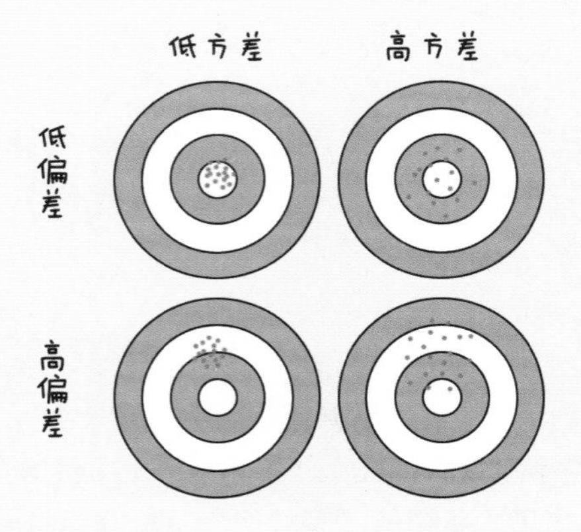

过拟合与欠拟合的方差和偏差

对于过拟合与欠拟合两种情况而言，它们的方差和偏差都会有相应的特征。

在“过拟合”的情况下，结果和训练集过分贴合而无法灵活地推广这个规律，那么训练集和测试集的数据之间的差别就会造成结果的不稳定，也就会导致方差更大。

而在“欠拟合”的情况下，结果还没有得到恰当的训练，整体数据相对真实的结果都有偏离，那么就会导致偏差更大。

什么是“推荐算法”？

顾名思义，“推荐算法”就是能让软件自动为你推荐内容的一种算法。推荐算法绝大部分都需要大量的数据支持。它有两大类：一种称为基于内容的推荐算法，一种称为协同过滤算法。它们的名字很复杂，但是原理简单明了。基于内容的推荐算法就是向你推荐“和你喜欢的东西类似的东西”。比如你曾购买过一本悬疑小

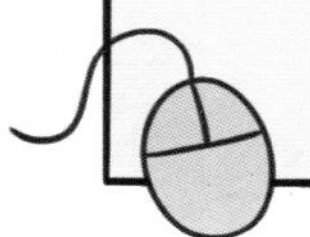

说，它就会向你陆续推荐悬疑小说。协同过滤推荐算法就是推荐“和你喜欢一样的东西的人喜欢的东西”，可以理解为“让和你爱好类似的人帮助系统做推荐”。比如和你一样喜欢悬疑小说的人最近喜欢上了言情小说，系统就也会把言情小说试着推荐给你。前者的准确度比较高，但是容易“钻牛角尖”；后者更能帮你探索新的爱好，但是也可能不够准确。

至于这里多次提到的“类似”的概念，最好理解的解决方法是人工贴标签。比如“小说”“剧情类”“悬疑类”“适合学生”“大团圆结局”等，相同的标签越多，两个物品就越相似。这个办法直白又好理解，但是会遇到新用户没有数据积累，系统无法获得使用者的喜好，从而无法开展推荐的问题。这个困境有一个生动的名字叫做“冷启动”。

第二次世界大战中，大量的军用需求引发了人工智能技术的第一次大飞跃，以艾伦·图灵为首的数学家以及一众神经学家、统计学家等开始尝试机器人的搭建，并且建立了图灵机模型和图灵测试，为后续发展奠定了基础。

行业先驱为将人工智能学科化，开始探讨它的发展逻辑和目标。1956年，在"达特茅斯夏日人工智能会议"上，学者们定义了我们现在仍在使用的"Artificial Intelligence（人工智能）"这个词。

对于人工智能的系统研究方法，当时存在两种观点，一种是自上而下、"理性主义"的，试图用人类的逻辑覆盖全部人工智能领域的专家系统思维；另一种是自下而上、"经验主义"的，希望用现实数据概括模式的统计思维。在20世纪50年代，前者占据上风，并且获得了来自美国国防高级研究计划署的数百万美元投资，人工智能行业迎来了发展的春天。

在这个人工智能的黄金时代，人工智能系统在生物、化学、医学等领域大放异彩，IBM的第一个西洋棋程序、MIT的第一个人工智能聊天程序Eliza、早稻田的人形机器人、神经网络、反向传播理论等众多产品和重要理论诞生。

而到了1973年，数学家莱特希尔的一篇报告指责了当今人工智能行业发展的问题，例如发展方向和进程与目标脱离，目标和实现相距甚远，以及当前成果的不实用性；专家系统维护成本高，能覆盖的情况也很有限，一些项目表现得也较为保守，因此政府也开始减少投资。

接近20世纪90年代时，统计概率方法被引入人工智能的推理过程。随着计算机的发展和家用计算机的普及，计算机本身的计算能力和可利用的数据量都在大幅提高。人工智能行业又一次迎来迅猛发展。

1989年，AT&T的贝尔实验室开发了用卷积神经网络解决手写字母识别问题的方法，1995年，人工智能聊天机器人Alice问世，1999年，IBM的计算机DeepBlue打败了人类象棋冠军。

随着数据量的增加，人工智能项目更快地落实到了人文关怀和更具体的技术场景，扫地机器人，无人驾驶，面部识别……人工智能行业在以出乎意料的方向和速度继续前进着。在此期间，除了一线技术人员，科幻作品也为此做出了自己的贡献。作家和导演们反复探讨人工智能行业的未来，既有憧憬也有担忧，在对科学伦理的反思中，人们也从最初的征服欲中冷静下来。

人工智能探秘

“人工智能”是当今最热门的科技领域之一。人工智能发展至今，人们发现它的能力，包括方式和性能，都远远超过了人类能够预期和掌控的范畴。在我们的生活中，都有哪些领域会和人工智能相结合，并碰撞出新的火花？人工智能技术的应用在道德伦理上是否存在风险？潘多拉的盒子已经打开，这个学科的发展又会怎么样呢……

走向未来世界——人工智能技术的应用

你有没有幻想过，“未来”会是什么样子的呢？

你可能幻想自己能用上“翻译机”，这样就可以和任何一个国家的外国友人没有障碍地交流；没办法找朋友玩时，你可能希望拥有一个能和自己聊天的小宠物。

登录游戏、邮箱时，你可能希望不用记长长的密码，直接刷脸登录；上学路途较远的同学们可能会希望拥有一辆不用爸爸妈妈早起送你、能一边和你聊天一边自动行驶的小轿车。

你也许还幻想过一种能自动控制室温、烧好热水、播放音乐和电视节目的新家，这样的房子对老人来说尤其便利……

人工智能作为一个综合交叉学科和复杂的新兴领域，随着很多子学科的快速发展，在各个领域都有了很多成果，使得这些幻想逐渐被实现。

比如，翻译是人类突破了交通的难题，能够四处旅行之后一直在试图解决的问题。

从小我们学习英语语法，是为了能按照语言的逻辑进行翻译，找出句子在两种语言里共同的含义，再用各自的语言表示出来。

至于有着多重含义的常用词，则是根据说话的前后文来决定采取哪种翻译。这个就是所谓的“理性主义”思路，也就是用逻辑和方法来解决问题。

而人工智能在翻译上则更多地使用了“经验主义”。在香农的《信息通信的数学原理》中提到，一篇英文文章里 27个字符（26个字母和空格）出现的频率是不同的。

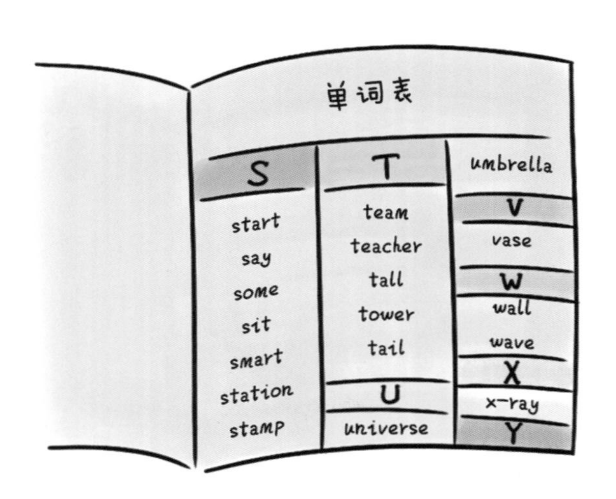

有些字母比如s，t经常出现，而q，x就相对少一些。相当多的英文单词是以“st”开头的，也就是说，如果我们给出了一个字母s，它后面跟着的字母是t的可能性就很大。

再比如说，‘have’这个词大部分情况翻译成“有”，比如‘I have a dream’；而在有些情况下则会翻译成“吃”，比如‘have breakfast’。

所以我们可以粗略地假定，如果这句话里有表达食物的词汇，‘have’翻译成吃的概率更大，即使我们可能不完全理解这句话的意思。“经验主义”的方法就是利用类似的规律进行翻译的。

现如今，已经出现了语音助手‘siri’和‘cortana小冰’等可以陪我们聊天的“机器人朋友”。当你用语音与其对话时，它们会先将语音转化成文字，然后进行定向的搜索，从而给出合乎逻辑的答复。

其中，转换成文字这一步骤叫做语音识别，是“模式识别”的一种。除了语音转换文字外，与之相似的还有“声纹识别”等。

“刷脸”登录也是已经实现的技术。人脸识别和语音识别都是模式识别的分支，它的分支还包括街景识别、手写识别等。

把人能理解、有实际含义的物体（比如场景、笔迹、声音等）处理成计算机能理解的各种“信号”（如声音、图像等）后，通过模式识别的技术，和已知的物体进行匹配，计算机就能进行“判断”了。

除此之外，无人驾驶技术中，也同样有“人工智能”的身影。

无人驾驶是一个很复杂的综合产物。它集合了工程力学、机器学习、模式识别等多个领域的学科知识。

无人驾驶汽车由于不会受人类情绪、注意力干扰等感性影响，行驶更平稳，事故率会更低，还可以疏解交通压力，提高通行效率。

但关于无人驾驶技术的争议也从未停息过。它可能涉及发生交通事故无法追究责任的问题，尤其在相关法律还没完善的情况下，很可能造成无辜的伤亡。

另外，如果用无人驾驶车辆非法运输货物，在查处时责任的归属也很难清晰明了。

2018年，Uber开发的无人驾驶汽车发生了一起交通事故，导致一名行人死亡，不仅引发了热议，甚至使人们对推广无人驾驶技术的正确性开始产生质疑。

不用跟我说这些！

严禁酒后驾车！

请勿疲劳驾驶！

但另一种观点是，于情于理，Uber公司确实应该对无辜死者的死亡负责，但是并不能因此否认无人驾驶技术。因为从整体上看，机器的失误概率远远低于人类。

世界卫生组织2015年的报告显示，全球每年因交通事故死亡的人数有125万人，平均下来每年每10万名乘客中就会有17.4人因交通事故死亡。

即使机器的驾驶技术还不完美，但人工智能技术已经保证了它总体的进步。所以我们除了努力提升机器的质量之外，还要敞开胸怀接纳新技术带来的改变。

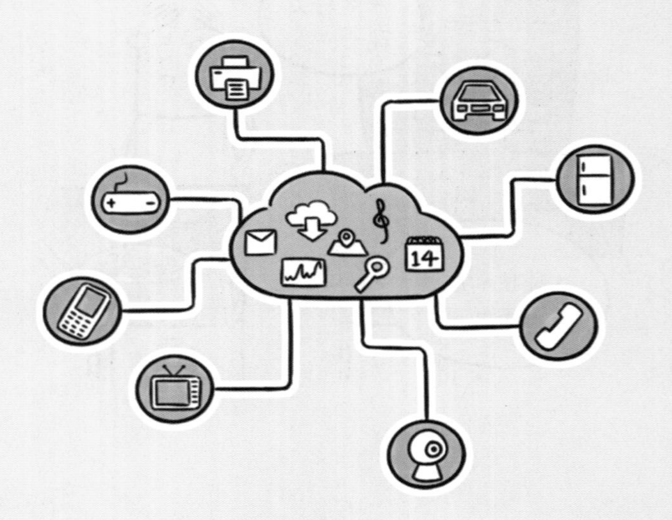

而智能家居除了人工智能的应用之外（包括但不限于上述人脸识别、语音识别的应用），还涉及一个很重要的领域——物联网（英文名叫Internet of Things，简称IoT）。

想象父母带你去无人超市购物时，你如果从货架上拿走一包薯片，无人超市就能通过多种监测方法“看到”并且“记下”这个行为。

具体来说，超市里的摄像头能通过模式识别区别出顾客和商品，当商品有移动时，这个动作就会被记录下来。

同时，由于商品上贴有磁条，而商品后面的货架上有扫描仪器，因此当某件商品上磁条的位置移动时，扫描仪器就能感知到并记录下来。这个功能的实现和公交卡刷卡的原理有些相似。

在摄像头、货架扫描仪等感知仪器之间建立联网，并将这些数据传入同一个数据系统，经过一些算法处理，就可以在没有售货员的情况下根据你选取的商品指导自助购物结账。

这就是一个完整的“物联网+人工智能”的系统。物联网领域主要由通信工程和各种周边学科组成。

把物联网与人工智能联动应用在智能家居领域，就能产生奇妙的“化学反应”。回忆一下钢铁侠电影里，托尼在家对智能系统贾维斯“呼来唤去”，就可以操纵家里的各种设备。

如果仅仅是对话功能，siri也可以做到；而家里的各个设备都能被召唤开启，并且随时待命，这就是物联网的功劳了。

比如小米品牌的各种家居产品，就可以实现用手机应用进行操控，这要求每一个家用电器之间都有互相可以相连的网络

每次发布的新产品都能和同品牌的电器互相联网，以此增加用户的依赖程度，这就是小米在智能家居领域的布局策略。

当前，物联网+人工智能的一个重要技术支持就是5G网络，这也是5G网络成为全球政治经济的兵家必争之地的一个重要原因。

尽管人工智能给我们的生活带来了巨大的便利，但会不会有一天世界变得像电影里演的那样，机器人打败人类、统治世界了呢？

同志仍需努力——人工智能中的伦理问题

人工智能作为一个交叉学科，和计算机、数学（统计学、优化方法、图论等）、电子技术、脑科学等都有密不可分的关系。

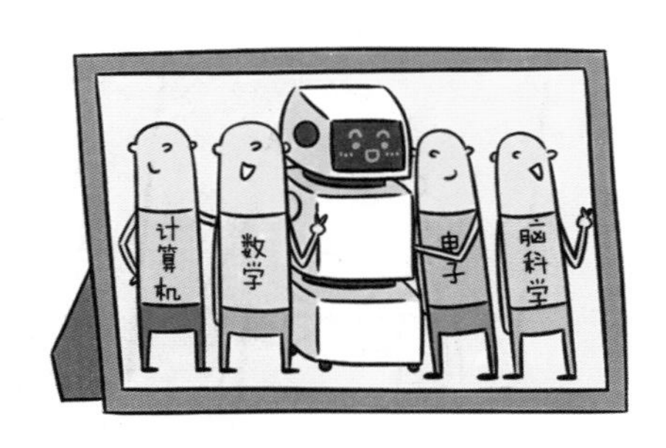

这方方面面的知识共同构成了人工智能这个大学科，分支学科交汇碰撞出了各种各样新的应用。同时，每个分支学科所遇到的问题也都会在人工智能的发展中出现。

2017年底，一个叫Deep-Fake图像合成技术落地了，它可以在视频中做人体图像合成。

简单来说，人们可以像使用Photoshop改动图像一样，用深度学习技术（一个人工智能算法分支）来改动视频了。

人们曾经对图像处理一无所知的时候，还秉持着“耳听为虚眼见为实”的逻辑，看到照片就会对它记录的信息深信不疑。

后来人们认识了Photoshop这个软件，以及某些操作更为简易的人像美化软件，改动图像成为了人人都能轻易做到的事情，以致于很少会有人再轻信通过改动图片扭曲的事实了。

相对静态图像而言，视频则是长篇的图像组合。由于技术局限，一帧一帧改动成本太高，因此人们普遍将视频所记录的信息认定为事件真相。

这项视频人体图像合成技术的出现，又一次打破了人们的常规观念。居心叵测的人可能会利用这项技术捏造犯罪录像，或者杜撰他人的言论来进行诽谤。

仍然相信视频无法篡改的人们很容易被改过的视频蛊惑，而造成信谣传谣的恶劣局面。如果你在见到此类消息时保持清醒的头脑，仔细甄别消息来源，就不会轻易被迷惑。

科学家一直努力对图像合成技术进行改进，将能否“以假乱真”作为判断技术水平是否高超的标准，但是它却为一些邪恶的想法提供了温床，违法者甚至不惜伤害他人的感受，在道德和法律的边缘不断试探。

我们在之前多次提到了数据对于探索“隐藏的真理”的重要作用。出于各种限制，我们很难普遍、均匀、平等地收集信息。

这会产生什么样的后果呢？比如，美国某知名电商公司曾开发了一款简历评分系统，本意是为了提高筛选应聘者的效率，但却因为过往的简历案例中女性应聘者比例低而造成了“算法歧视”。

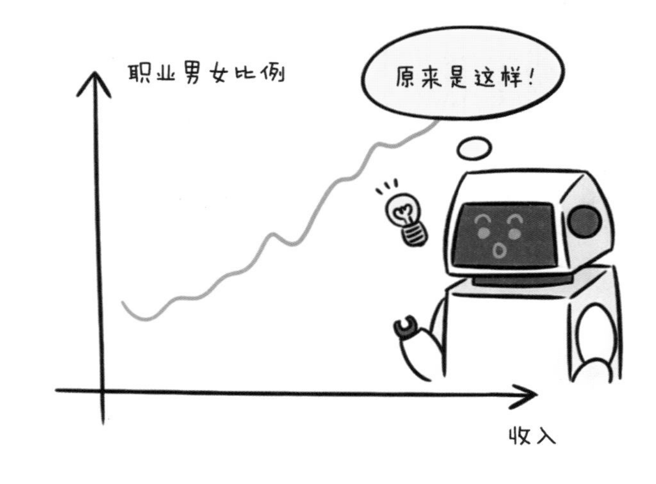

人工智能对样本进行分析后，误将应聘者的性别和评分挂上了钩，以致于在给新的应聘者评分时，系统倾向于给女性打低分。这个消息一经披露便引发了轩然大波。

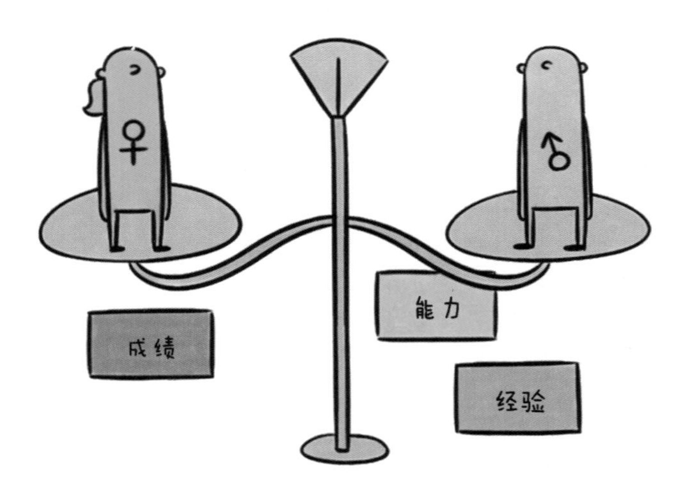

我们也可以将它理解为一种“过拟合”：如果我们坚持男女就业机会完全平等的原则，是否录取就只与成绩、能力、经验等有关，性别可以被视为无关的变量。

而机器学习到了这个无关变量引起的变化（女性～能力差，男性～能力强），就会对新的情景做出不准确的预测和分析。

又比如在新冠肺炎疫情蔓延全球期间，美国某知名互联网公司推出的一款计算机视觉服务在识别人手持测温枪的图像时，被曝出了有种族歧视的倾向。

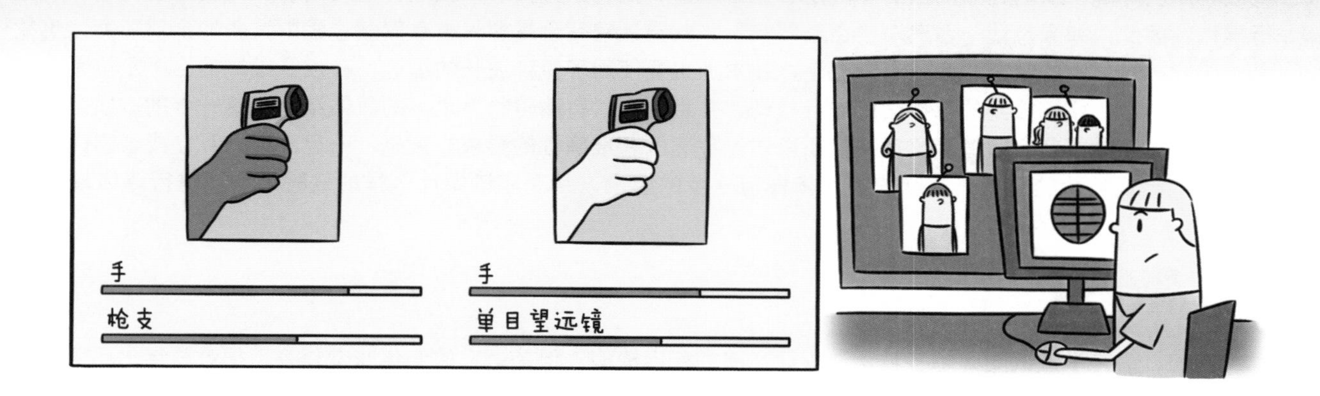

当图像中的手肤色较浅时，系统更倾向于将图中的物品归类为“单目望远镜”，而当手肤色较深时，系统则更容易将物品归类为“枪支”。

这种严重带有主观色彩的判断，就来自于训练集数据的不全面和不平衡。消息一经披露，此公司高管只得出面道歉，并修改了算法予以纠正。

还有更荒唐的例子：一些科学家设计了一种面部特征与曾否犯罪的预测模型，简而言之，就是“看脸抓贼”。这个课题概念很荒唐，准确率很低，并且充满了“外貌歧视”。

因此，就像化学家绝对不可以制造毒品一样，未来的人工智能小专家们，也要让这项技术在正确的方向上发挥更大的作用哦！

让汽车变“聪明”

爸爸妈妈在开车遇到障碍时会怎么做？分开来看，他们应该会：①在心里想“我要绕开这个障碍物”；②观察周围环境，从而判断周围的环境是否适合减速、拐弯或掉头；③决定转动方向盘和踩刹车的时机；④进行操作。因此，如果想让一台汽车“自动驾驶”，就要让它完全掌握人类在驾驶过程中具备的全部能力，也就是①感知：对周围的状态和变化有所感受，技术上主要使用了多种波长的雷达（有点像蝙蝠的回声定位系统）；②整合：将接收到的各种信息进行整理，并且得出“有障碍物”之类的具体结论，这一步的本质是数据处理（由于驾驶中各个数值变化很快，所以对计算速度和准确性的要求非常高，一旦出现计算慢或者错误，就会有可能出现致命的危险）；③决策：依据前一步的结论，判断应该做什么样的驾驶动作、进行路线规划；④操控。

翻译的智慧

最初，语言学家试图破解各种语法规律、建立翻译模型，但是语言的变化非常复杂，很难总结出尽善尽美的规则，颠倒词语顺序就可能得到天差地别的含义，于是“分词翻译”使得翻译结果非常机械。后来引入了神经网络等“数据驱动”的算法，让翻译算法像刚出生的孩子一样整句整句地学习，得到的翻译结果就变得更加自然了。当然，算法也要服务于使用目的。如果是日常口语或小说，其中的句子使用的语法非常灵活，常常还会遇到多义词；但是对于比较严谨的学术领域，使用的词汇会更加专业，更不容易出现歧义。因此，在翻译日常用语时，会更多使用“神经网络”，而翻译专业的文件则更多用专业的词库进行“分词翻译”，后期再加上人工润色来完成任务。

发明家爱迪生的远亲

克劳德·艾尔伍德·香农(1916.4.30-2001.2.24)，美国数学家，信息论的创始人。他于1936年在密西根大学获得数学与电气工程专业的学士学位，此后进入麻省理工学院（MIT）攻读硕士研究生。1941-1972年，香农在新泽西州的AT&T贝尔电话公司担任数学研究员，曾发表了很多重要的学术论文。二战期间，他是一位出色的密码破译者。

什么是“模式”？

你研究过最新智能手机的神奇功能吗？早在很多年前，手机就已经能识别出我们提出的问题，并给出比较合理的解答；现在的智能手机还能给照片分类，识别出哪些是“宠物”、相册里都出现过哪些不同的人，甚至能判断出一张幼时旧照和近照是否是同一个人！这里涉及的语音识别和图像识别都是“模式”识别的重要领域。其中，语音识别的发展从孤立词、单一发音者到连续词、任意发音者的过程经历了30年，其中应用了“隐马尔科夫模型”“N-gram语言模型”等多种模型和方法。图像识别主要使用的是“神经网络”的方法，在车牌号识别、车站人脸识别等生活中的方方面面都大有前景。

无人驾驶的技术难点

想一想，无人驾驶系统的四个步骤中，哪几个相对更难实现呢？其实，“感知”和“操控”的技术都已经较为成熟，“整合”其实才是最难攻破的步骤。这项工作的难点在于，经过复杂的计算得到的结论非常敏感，很容易受到干扰而出现混乱。当两种或两种以上的信号互相矛盾时，系统可能只能屈服于其中一个感受器的观察，导致结论不稳定。

自动驾驶车辆事故

2018年3月28日，Uber公司出产的一辆自动驾驶的SUV，在美国亚利桑那州Tempe市撞倒一名女性行人，导致其死亡。事后，Uber的技术人员分析事故原因时发现，自动驾驶系统在汽车传感器检测到前方有行人后，却没有采取任何减速、刹车措施。其实，计算机系统和驾龄超长的“老司机”一样，不论多么熟练都不可能完

全避免失误，因此这次事故并不能说明这项技术本身出现了大的缺陷。但这场悲剧发生后，Uber还是暂停了正在进行的自动驾驶测试。

共享单车与物联网

走在路上想要使用共享单车，打开软件时，地图上就会显示出周围车辆的位置，你想过这是怎么实现的吗？其实，这就是“物联网”领域的初步探索。在共享单车没有大规模普及时，数据量小、对信息传输速度的要求低，所以最初使用的是较为原始的2G网络。随着信息传输速度的不断提高，物联网也提出了终极目标“人联网”——将人的所有动作都定位、量化并记录下来，进而提供服务。小米手环、芯片植入等都是“人联网”的初步尝试。

无人超市什么时候才会随处可见？

无人超市听起来这么方便，能为商家省去很多人工的费用，为什么没有很快开遍大街小巷呢？其中一个原因是，无人超市的系统准确率还有很大的提升空间，这就给了很多人“蒙骗”系统、瞒天过海的机会。这项技术的难点和无人驾驶中提到的问题很相似，如果人遮挡着商品的同时对两种商品进行互换，那么系统的RFID识别和视频图像识别就会产生混乱，也就无法进行正常的商品点货和结账流程。人工智能和人脑最大的差距就在于，计算机很难像人类这样把所有感官收集到的信息快速、准确地整理到一起，但是相信这个难关一定会在不久的未来被克服。

“5G”只是网速吗？

人工智能对信息质量和处理速度的要求日益提高，因此5G技术革命性进步的意义远远不只是网速比4G更快而已。5G时代的到来可极大地提升AR、新制造、远程医疗的效率。

人工智能与人类命运

请你思考一下：什么样的工作岗位容易被计算机程序替代呢？是需要脑力和创造的药物研发人员，还是工作简单重复的超市收银员？简单的制造业加工（如零件拼装）、传统的基础农业（如耕地和简单收割）、较为初级的服务业（如收费和补办证件）——由于这些工作都有明确的指令和工序，很容易被人工智能甚至一般的计算机程序替代。

视频的帧和帧率

视频其实是由很多静止画面组成的，每一张静止画面就叫做“一帧”。视频的“帧率”就像是翻页的速度。帧率的单位是FPS，也就是一秒钟翻了多少页。如果帧率达到了10帧每秒，由于人眼存在“视觉暂留效应”，我们就会认为这个动态是基本连贯的。一般动画的帧率也要在24帧/秒左右。也就是说，二维动画的画师画20多个画面，在成片中也只过去了一秒而已。

首脑说过这话吗？

视频人体图像合成技术的出现让很多居心叵测的人多了一个满足自己利益的途径。2019年初，FaceBook上流传出一条视频，在视频中特朗普对比利时在气候问题上的立场进行了批判。但诡异的是，特朗普本人并没有进行过这段陈述！在此之前，也有很多国家首脑发言的虚假视频在网上流传，都是通过DeepFake技术合成的。

虽然截至目前，还没有哪个合成视频引发过巨大的政治信任危机，但是这其中的风险非常大。加上发达的社交媒体帮助信息传播和发酵，如果不通过法律进行管控，会引发非常严重的社会安全问题。目前，美国和欧盟都对DeepFake的使用进行过立法讨论。DeepFake合成技术与甄别技术之间的矛盾时刻在提醒我们，科技的快速发展必须有强大的道德水准作为支撑。